博碩文化

圖解
TCP/IP

Transmission Control Protocol / Internet Protocol

吳燦銘 著

內容架構完整，採用豐富的圖例來闡述
基本觀念及應用，有效強化學習效果。

深入的分層架構的核心理論，以範例說
明 TCP/IP 網路通訊協定的內涵。

提供章末課後習題，題目難易適中強化
學習效果，給予最完整的支援。

圖解 TCP/IP
Transmission Control Protocol / Internet Protocol
吳燦銘 著

內容架構完整，採用豐富的圖例來闡述基本觀念及應用，有效強化學習效果。

深入的分層架構的核心理論，以範例說明 TCP/IP 網路通訊協定的內涵。

提供章末課後習題，題目難易隨中強化學習效果，給予最完整的支援。

作　　者：吳燦銘 著
責任編輯：賴彥穎

董 事 長：陳來勝
總 編 輯：陳錦輝

出　　版：博碩文化股份有限公司
地　　址：221 新北市汐止區新台五路一段 112 號 10 樓 A 棟
　　　　　電話 (02) 2696-2869　傳真 (02) 2696-2867

發　　行：博碩文化股份有限公司
郵撥帳號：17484299　戶名：博碩文化股份有限公司
博碩網站：http://www.drmaster.com.tw
讀者服務信箱：dr26962869@gmail.com
訂購服務專線：(02) 2696-2869 分機 238、519
（週一至週五 09:30 ～ 12:00；13:30 ～ 17:00）

版　　次：2021 年 6 月初版

建議零售價：新台幣 500 元
I S B N：978-986-434-793-3
律師顧問：鳴權法律事務所 陳曉鳴律師

本書如有破損或裝訂錯誤，請寄回本公司更換

國家圖書館出版品預行編目資料

圖解 TCP/IP/ 吳燦銘 著 . -- 初版 . -- 新北市：
博碩文化股份有限公司 , 2021.06

面；　公分

ISBN 978-986-434-793-3(平裝)

1. 通訊協定 2. 網際網路

312.162　　　　　　　　　　110008892

Printed in Taiwan

博碩粉絲團

歡迎團體訂購，另有優惠，請洽服務專線
(02) 2696-2869 分機 238、519

在廣大的網路世界中,為了讓所有電腦都能互相溝通,就必須制定一套可以讓所有電腦都能夠了解的語言,這種語言便成為「通訊協定」(Protocol)。

TCP/IP 網路通訊協定最早於 1982 年提出,當時 TCP/IP 的架構又稱為 TCP/IP 模型,就在同一年,美國國防部(Department of Defense))將網路通訊協定納為它的網路標準,所以 TCP/IP 模型又稱之為 DoD 模型。DoD 模型主要強調是以 TCP/IP 網路通訊協定為主的網際網路,雖然 DoD 模型是個業界標準(de facto),並未經公信機構標準化,但由於推行已久,加上 TCP/IP 網路通訊協定的普及,因此廣為業界所採用。現在 TCP/IP 網路通訊協定不僅可以應用在網際網路上各種類型的電腦裝置進行連線與資料傳輸外,甚至包括一些家電 3C、車子、物聯網或雲端架構之間的資料傳送,大都以 TCP/IP 網路通訊協定為主要的核心網路技術。

本書的設計理念,希望定位是一本學習 TCP/IP 網路通訊協定的十堂精選課程,因此全書撰寫過程中,把握內容淺顯易懂及圖文並茂的解說原則,來幫助各位學習這些不易理解的知識。希望可以符合 TCP/IP 網路通訊協定入門學習者的需求。

全書一開始會先介紹網路的基本概念,包括認識電腦與網路、通訊網路規模、資料傳輸交換技術、網路科技的創新發展等,這些單元就是希望快速建立各位網路的基礎知識,有了這些知識背景後,接下來的重點則是介紹網路模型與相關連線設備,包括 OSI 參考模型、DoD 參考模型(TCP/IP 網路通訊協定)、網路模型的運作方式、網路相關設備及有線通訊傳輸媒介等。

之後各章主題的安排會以網路分層架構的精神，介紹各分層架構中必須了解的重點主題，包括 IP 定址與相關應用、解析 IPv6（IP version 6）的發展與未來、ARP 與 ICMP 協定、UDP 與 TCP 通訊協定、網際網路相關應用協定、DNS 運作架構及查詢流程、DHCP 協定觀念與運作流程…等，在這些章節中會逐一談論到這些網路協定的內涵與應用、封包格式及實作原理的展現，期許幫助大家更深入 TCP/IP 網路通訊協定的分層架構的核心理論。

本書最後的單元則是安排網路管理與網路安全相關議題的探討，包括網路管理功能簡介、SNMP 與其他網路管理協定、網路安全、資料加密及網路交易安全機制。筆者深切期盼透過這些章節的說明，可以為讀者更完備呈現出 TCP/IP 網路通訊協定的學習重點。

目錄

CONTENTS

01 Chapter 大話電腦與網路

02 網路模型與相關連線設備
Chapter

03 IP 定址與相關應用

04 Chapter 徹底解析 IPv6 與未來發展

05 Chapter 細說 ARP 與 ICMP 協定

06 Chapter 速學 UDP 與 TCP 通訊協定

07 Chapter 網際網路與應用協定

08 Chapter 認識 DNS 與架購說明

09 Chapter

DHCP 通訊協定

10 Chapter 網路管理與網路安全導論

01

Chapter

大話電腦與網路

　　電腦堪稱是二十世紀以來人類最偉大的發明之一，對於人類的影響更是超過工業革命所帶來的衝擊。電腦（computer），或者有人稱為計算機（calculator），是一種具備了資料處理與計算的電子化設備。隨著電腦時代的快速來臨，各行各業都大量使用電腦來提高工作效率無論各位是汽車修護工、醫生、老師、電台記者或是太空梭的飛行員，電腦早已成為現代人生活與工作上形影不離的好幫手。

　　西元 1981 年 IBM 首度推出了個人電腦，從此開創了 PC 時代的輝煌時期，從最早期一台執行速度只有 4.77MHz 的個人電腦 Apple II，到現在 Intel Corei9 等級的執行速度幾乎到了 2.6 至 5.1 GHz 以上，不止機械效能大幅提升，連其外觀也更符合時尚流行及人體工學原理。這種史無前例的高速成長，不但實現了全球資訊的廣泛交流，也全面影響了人類的生活型態，舉凡食、衣、住、行、育、樂等方面，無一不受惠於電腦科技的快速發展與應用。

 TIP　MHz 是 CPU 執行速度（執行頻率）的單位，是指每秒執行百萬次運算，而 GHz 則是每秒執行 10 億次。

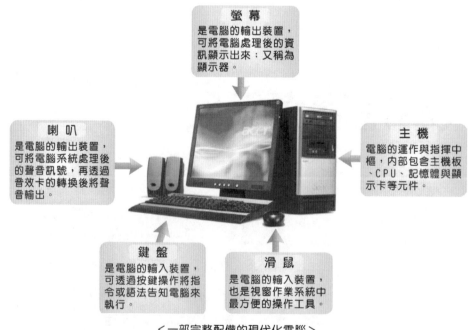

<一部完整配備的現代化電腦>

1-1 電腦與網路

　　網路，最簡單的説法就是一種連接各種電腦網路的網路，並且可為這些網路提供一致性的服務。網路最重要的一項特質就是互動，乙太網路的發明人包博，美特卡菲（Bob，Metcalfe）就曾説過網路的價值與上網的人數呈正比，如今全球已有數十億上網人口。由於網際網路（Internet）的蓬勃發展，帶動人類有史一來，最大規模的資訊與社會變動，更與電腦科技的高度發展配合，無論是民族、娛樂、通訊、政治、軍事、外交等方面，都引起了前所未有的新興革命。

＜經由網路的連線，電子化政府讓民眾能夠上網辦裡各項的業務＞

 TIP　摩爾定律（Moore's law）是由英特爾（Intel）名譽董事長摩爾（Gordon Mores）於 1965 年所提出，表示電子計算相關設備不斷向前快速發展的定律，主要是指一個尺寸相同的 IC 晶片上，所容納的電晶體數量，因為製程技術的不斷提升與進步，造成電腦的普及運用，每隔約十八個月會加倍，執行運算的速度也會加倍，但製造成本卻不會改變。

1-1-1 網路的定義

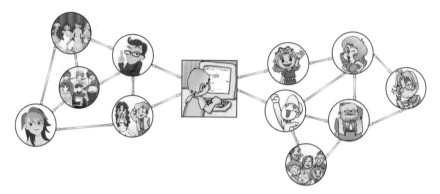

＜網路系統是由許多節點連結而成＞

網路（Network）可視為是包括硬體、軟體與線路連結或其它相關技術的結合，網路讓許多使用者可以立即存取網路上的共享資料與程式，而且不需要在自己的電腦上各自保存資料與程式備份。

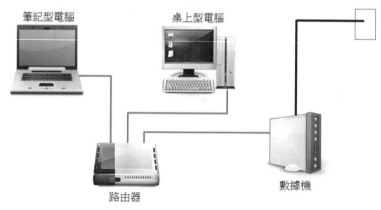

＜乙太網路簡單架構示意圖＞

 TIP　乙太網路（Ethernet）是目前最普遍的區域網路存取標準，乙太網路的起源於 1976 年 Xerox PARC 將乙太網路正式轉為實際的產品，1979 年 DEC、Intel、Xerox 三家公司（稱為 DIX 聯盟）試圖將 Ethernet 規格交由 IEEE 協會（電子電機工程師協會）制定成標準。IEEE 並公佈適用於乙太網路的標準為 IEEE802.3 規格，直至今日 IEEE 802.3 和乙太網路意義是一樣的，一般我們常稱的「乙太網路」，都是指 IEEE 802.3 中所規範的乙太網路。

歷史上的第一個網路即是以電話線路電話線路為基礎，也就是「公共交換電話網路」（Public Switched Telephone Network，PSTN）。網路連結的媒介體除了常見的雙絞線、同軸電纜、光纖等實體媒介，甚至也包括紅外線、微波等無線傳輸模式。一個完整的通訊網路系統元件，不只包括電腦與其周邊設備，甚至有電話、手機、平板等。也就是說，任何一個透過某個媒介體相互連接架構，可以彼此進行溝通與交換資料，即可稱之為「網路」，就是利用一組通訊設備，透過各種不同的媒介體，將兩台以上的電腦連結起來，讓彼此可以達到「資源共享」與「傳遞訊息」的功用：

> **資源共享：**包含在網路中的檔案或資料與電腦相關設備都可讓網路上的用戶分享、使用與管理。
>
> **訊息交流：**電腦連線後可讓網路上的用戶彼此傳遞訊息與交流資訊。

一個完整的網路是由下列五個元件組成：

通訊網路組成元件	功能說明
資料終端元件	在網路上負責傳送與接收資料的設備，例如個人電腦與工作站等。
資料通訊元件	將資料終端元件中的數位訊號轉換成類比訊號，例如數據機。
資料交換元件	是一種資料傳輸控制的仲介裝置，例如路由器、集線器等等。
通訊媒介元件	在通訊網路中傳遞資料與訊息的媒介物，例如電話線、同軸電纜、光纖等。
通訊訊號元件	在網路中所傳送的資料必須先轉換成某些訊號（如電波或光波）才能在通訊媒介中傳遞，例如類比訊號。

1-1-2 網路作業系統種類

談到網路作業系統的設計與發展，絕對與所要執行的電腦硬體架構有相當密切的關係，接下來我們將介紹各種類型的網路作業系統與發展過程。

⚙ 批次作業系統（**Batch Operating System**）

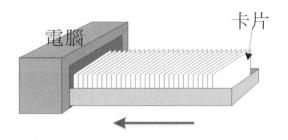

電腦　　　　　　　　　　　　　　卡片

　　早期的單機型電腦都是以打孔卡片儲存資料，如 PDP-11/44 機型，而 CPU 的運作是由讀卡機（Card Reader）讀入資料，接著再讀入組譯器、編譯器、連結器後，由於 I/O 設備的執行速度遠低於 CPU 的執行速度，經常使得 CPU 閒置，為了提升工作效率，可將所有的工作一次大量處理，提高單位時間內的作業量。簡單來說，使用者必須先把想要執行的程式逐次排序好。當要處理時才會到媒體中讀取資料，並由作業系統將其放入 CPU 的批次工作佇列中，排隊等候執行。

⚙ 分時作業系統（**Time Sharing System**）

　　運作原理是讓一台電腦連接多個終端設備，將 CPU 時間分割成一連串的「時間配額」（Time Slice or Time Quantum）以交替執行這些待命程式的做法，提供使用者分時 CPU 的一小部份，而載入記憶體中執行的程式通常叫做「行程」（Process），也稱做多工處理。分時系統最適合處理所謂的交談式（Interactive）作業，交談式作業和批次式作業最大的不同點在於交談式作業則要求電腦能馬上給它回應，而批次作業有可能將工作送入電腦，就須一直等到它結束為止，才可以進行另外一項工作的執行。

⚙ 分散式作業系統

　　「分散式作業系統」（Distributed Operating Systems）是一種架構在網路之上的作業系統，並且隨著網路的普及而日益重要，在這種分散式系統的架構中，可以藉由網路資源共享的特性，提供給使用者更強大的功能，並藉此提高系統的計算效能，任何遠端的資源，都被作業系統視為本身的資源，而可以直

接存取，並且讓使用者感覺起來像在使用一台電腦。由於各種資訊硬體價格下降與電腦網路技術之發展與進步，分散式作業系統各電腦中的 CPU 擁有各自的記憶體，當 CPU 間要交換訊息時，是藉由通訊線路來完成。

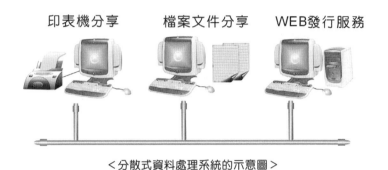

印表機分享　　　檔案文件分享　　　WEB發行服務

<分散式資料處理系統的示意圖>

叢集式作業系統（Clustered Operating System）

通常指的是在分散式系統中，利用高速網路將許多台設備與效能可能較低的電腦或工作站連結在一起，利用通訊網路聯接，形成一個設備與效能較高的伺服主機系統。叢集式處理系統是多個獨立電腦的集合體，每一個獨立的電腦有它自己的 CPU、專屬記憶體和作業系統，使用者能夠視需要取用或分享此叢集式系統中的計算及儲存能力。如右圖所示：

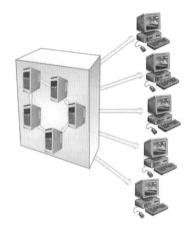

叢集運算可以用來提高系統的可使用度，當叢集系統的某節點發生故障無法正常運作時，可以重新在其他節點執行該故障節點的程式。

1-1-3 主從式網路與對等式網路

如果從資源共享的角度來說，通訊網路中電腦間的關係，可以區分為「主從式網路」與「對等式網路」兩種：

主從式網路

通訊網路中，安排一台電腦做為網路伺服器，統一管理網路上所有用戶端所需的資源（包含硬碟、列表機、檔案等），優點是網路的資源可以共管共用，而且透過伺服器取得資源，安全性也較高。缺點是必須有相當專業的網管人員負責，軟硬體的成本較高：

<主從式網路示意圖>

對等式網路

在對等式網路中，並沒有主要的伺服器，每台網路上的電腦都具有同等級的地位，並且可以同時享用網路上每台電腦的資源。優點是架設容易，不必另外設定一台專用的網路伺服器，成本花費自然較低。缺點是資源分散在各部電腦上，管理與安全性都有一定缺陷。

<對等式網路示意圖>

1-1-4 通訊傳輸方向

通訊網路依照通訊傳輸方向來分類，可以區分為三種模式：

⚙ 單工

「單工」（Simplex）是指傳輸資料時，只能做固定的單向傳輸，訊息的傳送與接收都是獨立扮演的角色，負責傳送的裝置就只有傳送而不負責接收。所以一般單向傳播的系統，都屬於此類，例如有線電視網路、廣播系統、擴音系統等等。

⚙ 半雙工

「半雙工」（Half-Duplex）是指傳輸資料時，允許在不同時間內互相交替單向傳輸，一次僅能有一方傳輸資料，另一方必須等到對方傳送完後才能傳送，也就是同一時間內只能單方向由一端傳送至另一端，無法雙向傳輸，例如火腿族或工程人員所用的無線電對講機。

⚙ 全雙工

「全雙工」（full-duplex）是指傳輸資料時，即使在同一時間內也可同步進行雙向傳輸，也就是收發端可以同時接收與發送對方的資料，例如日常使用的電話系統雙方能夠同步接聽與說話，或者電腦網路連線完成後可以同時上傳或下載檔案都是屬於全雙工模式。

 所謂「頻寬」（bandwidth），是指固定時間內網路所能傳輸的資料量，通常在數位訊號中是以 bps 表示，即每秒可傳輸的位元數（bits per second），其他常用傳輸速率如下：

Kbps：每秒傳送仟位元數。

Mbps：每秒傳送百萬位元數。

Gbps：每秒傳送十億位元數。

1-1-5 並列傳輸與序列傳輸

如果是依照通訊網路傳輸時的線路多寡來分類,可以區分為兩種模式,分別是並列傳輸(Parallel Transmission)與序列傳輸(Serial Transmission),分述如下。

並列傳輸

並列傳輸通常用於短距離的傳輸,是透過多條傳輸線路或數個載波頻率同時傳送固定位元到目的端點,傳輸速率快、線路多、成本自然較高。例如個人電腦的 LPT1 埠與電腦內之控制匯流排、位址匯流排上的傳輸。

發訊端		收訊端
	0 1 0 1 1 0 1 1	
	1 0 1 1 0 1 0 1	
	1 1 1 1 1 1 0 1	
	0 0 0 0 0 0 1 1	
	1 0 1 1 1 0 1 1	
	0 1 1 1 1 1 0 0	
	0 0 0 0 0 0 1 0	
	1 1 0 0 0 0 0 0	

<並列傳輸示意圖>

序列傳輸

序列傳輸通常用於長距離的傳輸,是將一連串的資料只用一條通訊線路,以一個位元接著一個位元的方式傳送到目的端點,傳輸速率較慢,成本較低。例如個人電腦的 COM1、COM2 埠、RS-232 介面的傳輸。

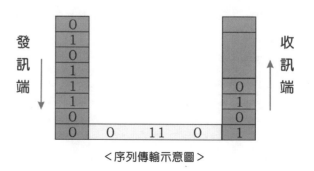

<序列傳輸示意圖>

「序列傳輸」傳送方式還可依照資料是否同步，再細分為「同步傳輸」與「非同步傳輸」兩種，分述如下：

1. 「同步傳輸」（**Synchronous Transfer Mode**）：一次可傳送數個位元，資料是以區塊（Block）的方式傳送，並在資料區塊的開始和終止的位置加上偵測位元（Check bit）。優點是可以做較高速的傳輸，缺點是所需設備花費較高，而且如果在傳輸過程中發生錯誤，整段傳送訊息都會遭到破壞：

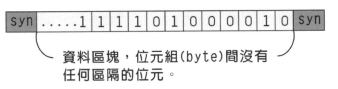

資料區塊，位元組(byte)間沒有任何區隔的位元。

<同步傳輸示意圖>

2. 「非同步傳輸」（**Asynchronous Transfer Mode**）：一次可傳送一個位元，在傳輸過程中，每個位元開始傳送前會有一個「起始位元」（Start Bit），傳送結束後也有一個「結束位元」（Stop Bit）來表示結束，這種方式較適合低速傳輸：

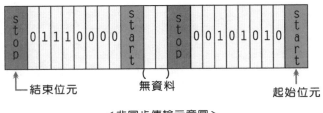

<非同步傳輸示意圖>

1-1-6 通訊協定簡介

在廣大的網路世界中，為了讓所有電腦都能互相溝通，就必須制定一套可以讓所有電腦都能夠了解的語言，這種語言便成為「通訊協定」（Protocol）。通訊協定就是一種公開化的標準，而且會依照時間與使用者的需求而逐步改進，本節將為各位介紹幾種常見的有線通訊協定：

<不建立共通的標準，就如同兩個人說不同語言，變成雞同鴨講>

⚙ TCP 協定

「傳輸通訊協定」（Transmission Control Protocol，TCP）一種「連線導向」資料傳遞方式，可以掌握封包傳送是否正確抵達接收端，並可以提供流量控制（Flow control）的功能。TCP 運作的基本原理是發送端將封包發送出去之後，並無法確認封包是否正確的抵達目的端，必須依賴目的端與來源端「不斷地進行溝通」。TCP 經常被認為是一種可靠的協定，如果發送端過了一段時間仍沒有接收到確認訊息，表示封包可能已經遺失，必須重新發出封包。

⚙ IP 協定

「網際網路協定」（Internet Protocol，IP）是 TCP/IP 協定中的運作核心，存在 DoD 網路模型的「網路層」（Network layer），也是構成網際網路的基礎，是一個「非連接式」（Connectionless）傳輸通訊協定，主要是負責主機間網路封包的定址與路由，並將封包（Packet）從來源處送到目的地。而 IP 協定可以完全發揮網路層的功用，並完成 IP 封包的傳送、切割與重組。

⚙ UDP 協定

「使用者資料協定」（User Datagram Protocol，UDP）是位於傳輸層中運作的通訊協定，主要目的就在於提供一種陽春簡單的通訊連接方式，通常比較適合應用在小型區域網路上。由於 UDP 在於傳輸資料時，不保證資料傳送的正確

性，所以不需要驗證資料，所以使用較少的系統資源，相當適合一些小型但頻率高的資料傳輸。

1-2 通訊網路規模

如果依照通訊網路的架設規模與傳輸距離的遠近，可以區分為三種網路型態：

 在網路上，當資料從發送到接收端，必須透過傳輸媒介將資料轉成所能承載的訊號來傳送（類比訊號），一旦接收端收到承載的訊號後，再將它轉換成可讀取的資料（數位訊號）。「數位」就如同電腦中階段性的高低訊號，而「類比」則是一種連續性的自然界訊號（如同人類的聲音訊號）。如下圖所示：

類比訊號

數位訊號

1-2-1 區域網路（Local Area Network，LAN）

「區域網路」是一種最小規模的網路連線方式，涵蓋範圍可能侷限一個房間、同一棟大樓或者一個小區域內，達到資源共享的目的：

＜同棟大樓內的網路系統是屬於區域網路＞

> **TIP** 個人區域網路（英語：Personal Area Network，縮寫為 PAN）是指個人範圍
> （隨身攜帶或數米之內）的硬體裝置（如電腦、電話、平板、筆電、數位
> 相機等）組成的通訊網路。

1-2-2 都會網路（Metropolitan Area Network，MAN）

「都會網路」的涵蓋區域比區域網路更大，可能包括一個城市或大都會的規模。簡單的說，就是數個區域網路連結所構成的系統。例如校園網路（Campus Area Network，CAN），不同的校園辦公室與組織可以被連結在一起，如總務處的會計辦公室可以被連接至教務處的註冊辦公室，也算小型都會網路的一種。

<都會網路可以更將多個區域網路連結在一起>

1-2-3 廣域網路（Wide Area Network，WAN）

「廣域網路」（Wide Area Network，WAN）是利用光纖電纜、電話線或衛星無線電科技將分散各處的無數個區域網路與都會網路連結在一起。可能是都市與都市、國家與國家，甚至於全球間的聯繫。廣域網路並不一定包含任何相關區域網路系統，例如兩部遠距的大型主機都不是區域網路的一部分，但仍可透過廣域網路進行通訊，網際網路則是最典型的廣域網路。

<廣域網路示意圖>

1-3　資料傳輸交換技術

　　「公眾數據網路」（Public Data Network）是一種於傳輸資料時，才建立連線的網路系統，具有建置成本低、收費低廉、服務項目多等特色。由於資料從某節點傳送到另一節點的可能路徑有相當多，因此如何快速有效地將資料傳送到目的端，必須藉由資料傳輸交換技術。本節中將為各位介紹常見的資料傳輸交換技術。

1-3-1　電路交換

　　「電路交換」（Circuit Switching）技術就如同一般所使用的電話系統。當您要使用時，才撥打對方的電話號碼與利用線路交換功能來建立連線路徑，此路徑由發送端開始，一站一站往目的端串聯起來。不過一旦建立兩端間的連線後，它將維持專用（Dedicated）狀態，無法讓其他節點使用正在連線的線路，直到通信結束之後，這條專用路徑才停止使用。這種方式費用也較貴，而且連線時間緩慢。

1-3-2 訊息交換

「訊息交換」（Message Switching）技術就是利用訊息可帶有目的端點的位址，在傳送過程中可以選擇不同傳輸路徑，因此線路使用率較高。並使用所謂「介面訊息處理器」來暫時存放轉送訊息，當資料傳送到每一節點時，還會進行錯誤檢查，傳輸錯誤率低。缺點是傳送速度也慢，需要較大空間來存放等待的資料，另外即時性較低，重新傳送機率高，較不適用於大型網路與即時性的資訊傳輸，通常用於如電報、電子郵件的傳送方式。

1-3-3 分封交換

「分封交換」（Packet Switching）技術就是一種結合電路交換與訊息交換優點的交換方式，利用電腦儲存及「前導傳送」（Store and Forward）的功用，將所傳送的資料分為若干「封包」（Packet），「封包」（Packet）是網路傳輸的基本單位，也是一組二進位訊號，每一封包中並包含標頭與標尾資訊。每一個封包可經由不同路徑與時間傳送到目的端點後，再重新解開封包，並組合恢復資料的原來面目，這樣不但可確保網路可靠性，並隨時偵測網路資訊流量，適時進行流量控制。優點是節省傳送時間，並可增加線路的使用率，目前大部份的通信網路都採用這種方式。

1-4 網路科技的創新發展

隨著網際網路（Internet）的興起與蓬勃發展，網路的發展更朝向多元與創新的趨勢邁進，隨著網路應用不斷推陳出新與發展，而這樣的方式也成為繼工業革命之後，另一個徹底改變人們生活型態的重大變革。接下來我們要為各位介紹通訊網路領域對現代社會的創新相發展及重大影響。

「梅特卡夫定律」（Metcalfe's Law）：1995 年的 10 月 2 日是 3Com 公司的創始人，電腦網路先驅羅伯特·梅特卡夫（B. Metcalfe）於專欄上提出網路的價值是和使用者的平方成正比，稱為「梅特卡夫定律」（Metcalfe's Law），是一種網路技術發展規律，也就是使用者越多，其價值便大幅增加，產生大者恆大之現象，對原來的使用者而言，反而產生的效用會越大。

1-4-1 雲端運算

<雲端運算背後隱藏了龐大商機>

「雲端」其實就是泛指「網路」，因為通常工程師對於網路架構圖中的網路習慣用雲朵來代表不同的網路。「雲端運算」（Cloud Computing），的功用就是讓使用者可以利用簡單的終端設備，就能讓各種個人所需的電腦資源，分散到網路上眾多的伺服器來提供。簡單來說，只要跟雲端連上線，就可以存取這一部超大型雲端電腦中的資料及運算功能。雲端運算對企業與客戶提供了更大的便利、規模和彈性，Google 雲端資深副總裁 Diane Greene 曾說：「雲端已經不只是日常拿來儲存的工具，或是當作水電瓦斯般取用的運算能力，而是可以幫助企業獲利的工具。」

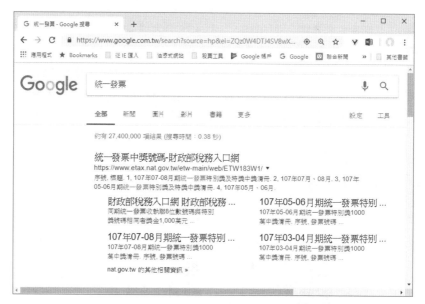

＜**Google** 是最早提出雲端運算概念的公司＞

　　時至今日，企業營運規模不分大小，普遍都已體會到雲端運算的導入價值，雲端運算可不是憑空誕生，之所以能有今日的雲端運算，其實不是任何單一技術的功勞，包括多核心處理器與虛擬化軟體等先進技術的發展，以及寬頻連線的無所不在，基本上，雲端運算之所以能夠統整運算資源，應付大量運算需求，關鍵就在以兩種技術。

＜雲端運算要讓資訊服務如同家中水電設施一樣方便＞

🔧 分散式運算

　　雲端運算的基本原理源自於網格運算（Grid Computing），實現了以分散式運算（Distributed Computing）技術來創造龐大的運算資源，不過相較於網格運

算（Grid Computing）重點在整合眾多異構平台，雲端運算更容易協調伺服器間的資訊傳遞，讓分散式處理的整體效能更好。

「分散式運算」（Distributed Computing）技術是一種架構在網路之上的系統，也就是讓一些不同的電腦同時去幫你做進行某些運算，或者是說將一個大問題分成許多部分，分別交由眾多電腦各自進行運算再彙整結果，雲端分散式系統架構中，可以藉由網路資源共享的特性，提供給使用者更強大豐富的功能，並藉此提高系統的計算效能，任何遠端的資源，都被作業系統視為本身的資源，而可以直接存取，並且讓使用者感覺起來像在使用一台電腦透過分散式運算架構。

＜Google 雲端服務都是使用分散式運算＞

虛擬化技術

所謂「雲端虛擬化技術」，就是將伺服器、儲存空間等運算資源予以統合，讓原本運行在真實環境上的電腦系統或元件，運行在虛擬的環境中，這個目的主要是為了提高硬體資源充分利用率，最大功用是讓雲端運算可以統合與動態調整運算資源，因而可依據使用者的需求迅速提供運算服務，讓愈來愈強大的硬體資源可以得到更充分的利用，因此虛擬化技術是雲端運算很重要的基礎建設。透過虛擬化技術主要可以解決實體設備異質性資源的問題，虛擬化主要是透過軟體以虛擬形式呈現的過程，例如虛擬的應用程式、伺服器、儲存裝置和網路。

通常在幾分鐘內就可以在雲端建立一臺虛擬伺服器，每一臺實體伺服器的運算資源都換成了許多虛擬伺服器，而且能在同一台機器上運行多個作業系統，比如同時運行 Windows 和 Linux，方便跨平台開發者，加上這些虛擬的運算後，資源可以統整在一起，充分發揮伺服器的性能，達到雲端運算的彈性調度理想，任意分配運算等級不同的虛擬伺服器。

1-4-2 人工智慧與邊緣運算

人工智慧的概念最早是由美國科學家 John McCarthy 於 1955 年提出，目標為使電腦具有類似人類學習解決複雜問題與展現思考等能力，舉凡模擬人類的聽、說、讀、寫、看、動作等的電腦技術，都被歸類為人工智慧的可能範圍。簡單地說，人工智慧就是由電腦所模擬或執行，具有類似人類智慧或思考的行為，例如推理、規畫、問題解決及學習等能力。

我們知道傳統的雲端資料處理都是在終端裝置與雲端運算之間，這段距離不僅遙遠，當面臨越來越龐大的資料量時，也會延長所需的傳輸時間，特別是人工智慧運用於日常生活層面時，常因網路頻寬有限、通訊延遲與缺乏網路覆蓋等問題，遭遇極大挑戰，未來 AI 從過去主流的雲端運算模式，必須大量結合邊緣運算（Edge Computing）模式，搭配 AI 與邊緣運算能力的裝置也將成為幾乎所有產業和應用的主導要素。

<雲端運算與邊緣運算架構的比較示意圖>

圖片來源：https://www.ithome.com.tw/news/114625

所謂「邊緣運算」（Edge Computing）是屬於一種分散式運算架構，可讓企業應用程式更接近本端邊緣伺服器等資料，資料不需要直接上傳到雲端，而

是盡可能靠近資料來源以減少延遲和頻寬使用，目的是減少集中遠端位置雲中執行的運算量，從而最大限度地減少異地用戶端和伺服器之間必須發生的通訊量。 邊緣運算因為將運算點與數據生成點兩者距離縮短，而具有了「低延遲」（Low latency）的特性，這樣一來資料就不需要再傳遞到遠端的雲端空間。

＜無人機需要即時影像分析，邊緣運算可以加快 AI 處理速度＞

許多分秒必爭的 AI 運算作業更需要進行邊緣運算，這些龐大作業處理不用將工作上傳到雲端，即時利用本地邊緣人工智慧，便可瞬間做出判斷，像是自動駕駛車、醫療影像設備、擴增實境、虛擬實境、無人機、行動裝置、智慧零售等應用項目，最需要低延遲特點來加快現場即時反應，減少在遠端伺服器上往返傳輸資料進行處理所造成的延遲及頻寬問題。

1-4-3 認識物聯網

當人與人之間隨著網路互動而增加時，萬物互聯的時代已經快速降臨，物聯網（Internet of Things，IOT）就是近年資訊產業中一個非常熱門的議題，台積電董事長張忠謀於 2014 年時出席台灣半導體產業協會年會（TSIA），明確指出：「下一個 big thing 為物聯網，將是未來五到十年內，成長最快速的產業，要好好掌握住機會。」他認為物聯網是個非常大的構想，很多東西都能與物聯網連結。

物聯最早的概念是在 1999 年時由學者 Kevin Ashton 所提出，是指將網路與物件相互連接，實際操作上是將各種具裝置感測設備的物品，例如 RFID、藍芽 4.0 環境感測器、全球定位系統（GPS）雷射掃描器等種種裝置與網際網路結合起來而形成的一個巨大網路系統，全球所有的物品都可以透過網路主動交換訊息，越來越多日常物品也會透過網際網路連線到雲端，透過網際網路技術讓各種實體物件、自動化裝置彼此溝通和交換資訊。

> **TIP**　「無線射頻辨識技術」（Radio Frequency Identification，RFID）是一種自動無線識別數據獲取技術，可以利用射頻訊號以無線方式傳送及接收數據資料。藍牙 4.0 技術主要支援「點對點」（point-to-point）及「點對多點」（point-to-multi points）的連結方式，目前傳輸距離大約有 10 公尺，每秒傳輸速度約為 1Mbps，預估未來可達 12Mbps，未來很有機會成為物聯網時代的無線通訊標準。

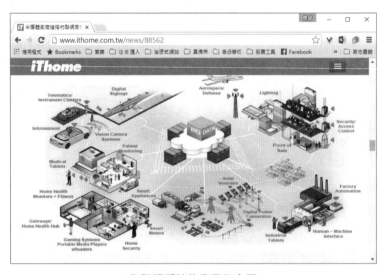

<物聯網系統的應用概念圖>

圖片來源：**www.ithome.com.tw/news/88562**

🌐 物聯網的架構

物聯網的運作機制實際用途來看，在概念上可分成 3 層架構，由底層至上層分別為感知層、網路層與應用層：

1. **感知層**：感知層主要是作為識別、感測與控制物聯網末端物體的各種狀態，對不同的場景進行感知與監控，主要可分為感測技術與辨識技術，包括使用各式有線或是無線感測器及如何建構感測網路，然後經由轉換元件將相關信號變為電子訊號，再透過感測網路將資訊蒐集並傳遞至網路層。

2. **網路層**：則是如何利用現有無線或是有線網路來有效的傳送收集到的數據傳遞至應用層，特別是網路層不斷擴大的網路頻寬能夠承載更多資訊量，並將感知層收集到的資料傳輸至雲端、邊緣，或者直接採取適當的動作，並建構無線通訊網路。

3. **應用層**：為了彼此分享資訊，必須使各元件能夠存取網際網路以及子系統重新整合來滿足物聯網與不同行業間的專業進行技術融合，同時也促成物聯網五花八門的應用服務，涵蓋到應用領域從環境監測、無線感測網路（Wireless Sensor Network，WSN）、能源管理、醫療照護（Health Care）、智慧照明、智慧電表、家庭控制與自動化與智慧電網（Smart Grid）等等。

＜物聯網的架構式意圖＞

圖片來源：**https://www.ithome.com.tw/news/90461**

智慧物聯網（AIoT）

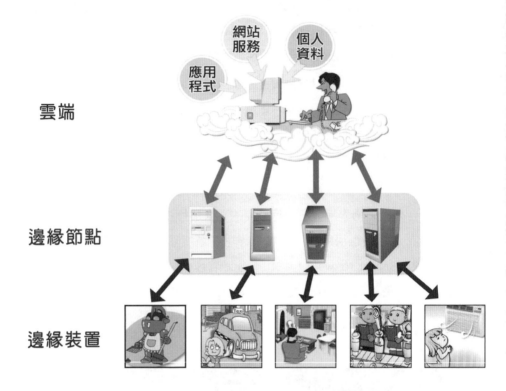

智慧物聯網的應用

現代人的生活正逐漸進入一個「始終連接」（Always Connect）網路的世代，物聯網的快速成長，快速帶動不同產業發展，除了資料與數據收集分析外，也可以回饋進行各種控制，這對於未來人類生活的便利性將有極大的影響，AI結合物聯網（IoT）的智慧物聯網（AIoT）將會是電商產業未來最熱門的趨勢，特別是電子商務為不斷發展的技術帶來了大量商業挑戰和回報率，未來電商可藉由智慧型設備來了解用戶的日常行為，包括輔助消費者進行產品選擇或採購建議等，並將其轉化為真正的客戶商業價值。物聯網的多功能智慧化服務被視為實際驅動電商產業鏈的創新力量，特別是將電商產業發展與消費者生活做了更緊密的結合，因為在物聯網時代，手機、冰箱、桌子、咖啡機、體重計、手錶、冷氣等物體變得「有意識」且善解人意，最終的目標則是要打造一個智慧城市，更能加速現代產業轉型。

1-4-4 大數據簡介

大數據時代的到來，徹底翻轉了現代人們的生活方式，繼雲端運算（Cloud Computing）之後，儼然成為目前科技業中最熱門的顯學，自從 2010 年開始全球資料量已進入 ZB（Zettabyte）時代，並且每年以 60%~70% 的速度向上攀升，面對不斷擴張的巨大資料量，正以驚人速度不斷被創造出來的大數據，為各種產業的營運模式帶來新契機。特別是在行動裝置蓬勃發展、全球用戶使用行動裝置的人口數已經開始超越桌機，一支智慧型手機的背後就代表著一份獨一無二的個人數據！大數據應用已經不知不覺在我們生活週遭發生與流行，例如透過即時蒐集用戶的位置和速度，經過大數據分析，Google Map 就能快速又準確地提供用戶即時交通資訊；

透過大數據分析就能提供
用戶最佳路線建議

TIP 為了讓各位實際了解大數據資料量到底有多大，我們整理了大數據資料單位如下表，提供給各位作為參考：

1 Terabyte=1000 Gigabytes=1000^9 Kilobytes

1 Petabyte=1000 Terabytes=1000^{12} Kilobytes

1 Exabyte=1000 Petabytes=1000^{15} Kilobytes

1 Zettabyte=1000 Exabytes=1000^{18} Kilobytes

大數據的來源種類包羅萬象，大數據的格式也越來越複雜，如果一定要把資料分類的話，最簡單的方法是分成結構化與資料非結構化資料。那麼到底哪些是屬於大數據？坦白說，沒有人能夠告訴你，超過哪一項標準的資料量才叫大數據，不過如果資料量不大，可以使用電腦及常用的工具軟體處理，就用不到大數據資料的專業技術，也就是説，只有當資料量巨大且有時效性的要求，就適合應用大數據技術來進行相關處理。

TIP

「結構化資料」（Structured data）則是目標明確，有一定規則可循，每筆資料都有固定的欄位與格式，偏向一些日常且有重覆性的工作，例如薪資會計作業、員工出勤記錄、進出貨倉管記錄等。「非結構化資料」（Unstructured Data）是指那些目標不明確，不能數量化或定型化的非固定性工作、讓人無從打理起的資料格式，例如社交網路的互動資料、網際網路上的文件、影音圖片、網路搜尋索引、Cookie 紀錄、醫學記錄等資料。

大數據涵蓋的範圍太廣泛，許多專家對大數據的解釋又各自不同，在維基百科的定義，大數據是指無法使用一般常用軟體在可容忍時間內進行擷取、管理及分析的大量資料，我們可以這麼簡單解釋：大數據其實是巨大資料庫加上處理方法的一個總稱，是一套有助於企業組織大量蒐集、分析各種數據資料的解決方案，並包含以下四種基本特性：

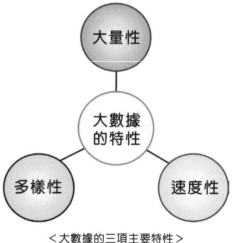
< **大數據的三項主要特性** >

- **巨量性（Volume）**：現代社會每分每秒都正在生成龐大的數據量，堪稱是以過去的技術無法管理的巨大資料量，資料量的單位可從 TB（Terabyte，一兆位元組）到 PB（Petabyte，千兆位元組）。

- **速度性（Velocity）**：隨著使用者每秒都在產生大量的數據回饋，更新速度也非常快，資料的時效性也是另一個重要的課題，反應這些資料的速度也成為他們最大的挑戰。大數據產業應用成功的關鍵在於速度，往往取得資

料時，必須在最短時間內反應，許多資料要能即時得到結果才能發揮最大的價值，否則將會錯失商機。

■ **多樣性（Variety）**：大數據技術徹底解決了企業無法處理的非結構化資料，例如存於網頁的文字、影像、網站使用者動態與網路行為、客服中心的通話紀錄，資料來源多元及種類繁多。通常我們在分析資料時，不會單獨去看一種資料，大數據課題真正困難的問題在於分析多樣化的資料，彼此間能進行交互分析與尋找關聯性，包括企業的銷售、庫存資料、網站的使用者動態、客服中心的通話紀錄；社交媒體上的文字影像等。

不過近年來隨著大數據的大量應用與儲存資料的成本下降，大數據的定義又從最早的 3V 變成了 4V，其中第四個 V 代表資料真實性（Veracity）。

■ **真實性（Veracity）**：企業在今日變動快速又充滿競爭的經營環境中，取得正確的資料是相當重要的，因為要用大數據創造價值，所謂「垃圾進，垃圾出」（GIGO），這些資料本身是否可靠是一大疑問，不得不注意數據的真實性。大數據資料收集的時候必須分析並過濾資料有偏差、偽造、異常的部分，資料的真實性是數據分析的基礎，防止這些錯誤資料損害到資料系統的完整跟正確性，就成為一大挑戰。

<大數據全新的四項特性>

大數據是智慧零售不可忽視的需求，當大數據結合了精準行銷，將成為最具革命性的數位行銷大趨勢，顧客不僅變成了現代真正的主人，企業主導市場的時光已經一去不復返了，行銷人員可以藉由大數據分析，將網友意見化為改善產品或設計行銷活動的參考，深化品牌忠誠，甚至挖掘潛在需求。美國最大的線上影音出租服務的網站 Netflix 長期對節目的進行分析，透過對觀眾收看習慣的了解，對客戶的行動裝置行為做大數據分析，透過大數據與 AI 分析的推薦引擎，不需要把影片內容先放出去後才知道觀眾喜好程度，只要透過個人化推薦，將不同但更適合的內容推送到個別用戶眼前，結果證明使用者有 70% 以上的機率會選擇 Netflix 曾經推薦的影片，不但可以使 Netflix 節省不少行銷成本，更能開發出多元與長尾效應的內容，這才是網路大數據時代最重要的顛覆力量。

<NETFLIX 借助大數據技術成功推薦影給消費者喜歡的影片>

本│章│習│題

1. 何謂 UDP 協定？

2. 試解釋主從式網路（Client/server network）與對等式網路（Peer-to-peer network）兩者間的差異。

3. 依照通訊網路的架設範圍與規模，可以區分為三種網路型態？

4. 簡述通訊網路系統（Network Communication System）的組成元件。

5. 簡述網路的定義。

6. 常見的網路連結型態有哪幾種？請說明之。

7. 請簡述雲端運算。

8. 何謂虛擬化技術？

9. 請簡介邊緣運算（Edge Computing）。

10. 試說明物聯網（Internet of Things，IOT）。

11. 物聯網的架構有哪三層？

12. 請簡述大數據（又稱大資料、大數據、海量資料，Big data）及其特性。

02

Chapter

網路模型與相關連線設備

　　由於網路是運行於全世界的資訊產物，設立模型的目的就是為了樹立共同的規範或標準，如果不制定一套共同的運作標準，整個網路也無法推動起來，而且網路結合了軟體、硬體等各方面的技術，在這些技術加以整合時，如果沒有共同遵守的規範，所完成的產品，就無法達到彼此溝通與交換資訊的目的。因此我們必須先了解它的通訊架構，才能知道網路通訊的運作模式。

　　網路模型在溝通上扮演極重要的角色，模型或標準通常由具公信力的組織來訂立，而後由業界廠商共同遵守，OSI 模型就是一個例子。本章中首先將為您介紹建立網路標準的兩個重要參考模型：OSI 模型（Open Systems Interconnection Reference Model）與 DoD 模型（Department of Defense）。

2-1 OSI 參考模型

　　OSI 參考模型是由「國際標準組織」（International Standard Organization，ISO）於 1988 年的「政府開放系統互連草案」（Government Open Systems Interconnect Profile，GOSIP）所訂立，當時雖然有要求廠商必須共同遵守，不過一直沒有得到廠商的支持，但是 OSI 訂立的標準有助於瞭解網路裝置、通訊協定等的運作架構，倒是一直被教育界拿來作為教學討論的對象。至於 OSI 模型共分為七層，如下圖所示：

Application Layer
（應用層）

Presentation Layer
（表達層）

Session Layer
（會議層）

Transport Layer
（傳輸層）

Network Layer
（網路層）

Data Link Layer
（資料連結層）

Physical Layer
（實體層）

＜**OSI 參考模型示意圖**＞

2-1-1　實體層

　　「實體層」（Physical Layer）是 OSI 模型的第一層，所處理的是真正的電子訊號，主要作用是定義是實際定義網路資訊傳輸時的實體規格，包含了連線方式、傳輸媒介、訊號轉換等等，也就是對數據機、集線器、連接線與傳輸方式等加以規定，並將要傳送的資料，以位元的方式傳送出去；以位元的方式接收回來，主要是做實體上的傳輸，簡單來說就是如何指定網路上的各種規格，以 0 與 1 的方式來傳遞訊息及訊息的次序。例如我們常見的「集線器」（Hub），也都是屬於典型的實體層設備。

2-1-2　資料連結層

　　由於 IP 位址只是邏輯上的位址，而真正的網路是以實際的硬體裝置來連結，實體的位址與邏輯的位址這中間轉換的工作是由資料連結層負責這項工作，主要的工作是負責將封包的資料以「訊框」（Frames）的方式，讓發送端傳送「訊框」出去並做錯誤控制。連結層再細分之下，我們可以把它分成兩個子層：一為「媒體存取控制」（Media Access Control，MAC）子層、二為「邏輯連結控制」（Logical Link Control，LCC）子層。

⚙ 媒體存取控制子層

　　此子層負責處理網路上裝置的實際位址，如網路卡上的「硬體實際位址」（00-EE-11-22-33-44），它可以透過「位址解析協定」（Address Resolution Protocol，ARP）來取得網路裝置的「媒體存取控制位址」（Media Access Control Address，MAC），MAC 位址是網路裝置的實體位址，像是網路卡就是直燒錄在 EEPROM 上的網路卡卡號。ARP 會詢問網路上所有的裝置，看看某個 IP 位址是屬於哪個裝置，符合這個 IP 位址裝置會傳送回 MAC 位址，之後發送資料的一端會將這份 MAC 位址包裝在資料中傳送出去：

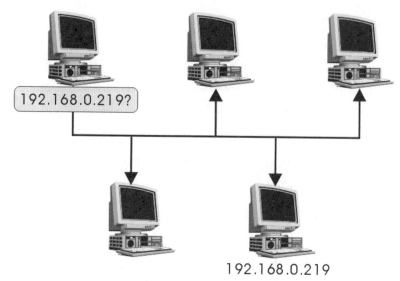

192.168.0.219

＜先詢問這個 IP 位址是哪一台電腦所設定＞

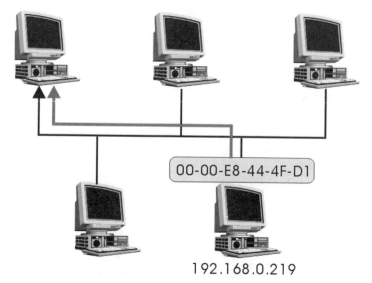

192.168.0.219

＜符合這個 IP 位址的主機會回應 MAC 位址＞

　　當所有的資料都已經準備完畢，可以準備將它送上網路了，「資料連結層」
（Data link layer）將 MAC 位址包裝在資料中，連同上層所夾帶的資料一同傳送
出去，資料連結層負責檢查網路上來來往往的資料，如果 MAC 位址相同的就擷
取進來，不相同的就表示這不是它所要的資料，於是忽略而不加以處理。

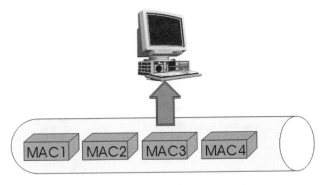

實體位址:MAC3

<實體位址相同者，表示是自己的資料，於是就加以擷取>

🔵 邏輯連結控制子層

此一子層負責的是流量控制與錯誤偵測，在接收端收到資料封包後，連結層會做資料偵錯的動作，其偵錯的方式為「循環餘數檢查」（Cyclic Redundancy Check，CRC）。在發送端傳送資料之前，會先經過一種演算機制，演算後所得到的一組碼，就稱為「CRC 碼」，CRC 碼會隨著資料一起傳送出去，而接收端在收到資料時，也會利用一種演算機制，得到一組 CRC 碼，如果接收到資料的 CRC 碼與演算後所得到的 CRC 碼相同時，則可判斷資料在傳送的時候沒有發生錯誤，資料的正確性也較高。

2-1-3 網路層

「網路層」（Network Layer）是為 OSI 模型的第三層，主要的工作是將一個裝置的資料傳輸資訊（路徑、路由）給另外一個裝置，在發送端的網路層接收到接收端網路層的回覆訊息後，將其資訊封包於資料中，以確保資料能直接傳送至目的地。簡單來說，就是負責解讀 IP 位址並決定資料要傳送給哪一個主機，如果是在同一個區域網路中，就會直接傳送給網路內的主機，如果不是在同一個網路內，就會將資料交給路由器，並由它來決定資料傳送的路徑，而目的網路的最後一個路由器再直接將資料傳送給目的主機。

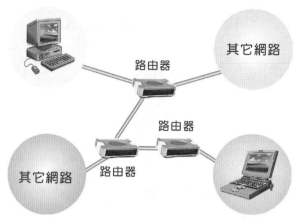

<網路層負責將資料傳送至目的主機>

注意到網路層與傳輸層的不同，雖然資料都帶有目的性，但網路層只負責將資料傳送給目的主機，網路層是一種「非接通式」的傳輸，它並不負責連線。接收端是否有收到資料，則會交由上一層來處理，看是否要要求重傳，至於這份資料是屬於哪個程式來處理，則是由傳輸層來決定。

2-1-4 傳輸層

「傳輸層」（Transport layer）是為 OSI 模型的第四層，它主要的工作是提供做網路層與會議層的傳輸服務，它可以是一種接通式的傳輸，主要工作是提供網路層與會議層一個可靠且有效率的傳輸服務，例如 TCP、UDP 都是此層的通訊協定。傳輸層所負責的任務就是將網路上所接收到的資料，分配（傳輸）給相對應的軟體，例如將網頁相關資料傳送給瀏覽器，或是將電子郵件傳送給郵件軟體，而這層也負責包裝上層的應用程式資料，指定接收的另一方該由哪一個軟體接收此資料並進行處理。

TCP（Transmission Control Protocol）是一種連接型的傳輸協定，在傳輸資料到達目的地時，都會確認資料是否正確地到達目的地，並做一個回覆的動作，連接型的傳輸協定可靠性也較高。UDP（User Datagram Protocol）則是一種非連接型的傳輸協定，它是在完全不理會資料是否可傳送至目的地的情況進行傳送的，當然這種傳輸協定就比較不可靠，不過它適用於做廣播式的通訊。

傳輸層除了用來辨識資料屬於哪個應用程式的方法，就是使用常聽見的「連接埠」（Port），一個應用程式開始執行之後，作業系統就會分配給它一個連接埠號，每個應用程式的埠號彼此之間絕對不會重複。資料在傳送給另一方時，會指明對方的應用程式埠號，另一方接收到資料時，傳輸層就可以由這個埠號得知，該由哪個應用程式來接收處理這個資料。

2-1-5 會議層

「會議層」（Session Layer）是為 OSI 模型的第五層，作用就是在於建立起連線雙方應用程式互相溝通的方式，例如何時表示要求連線、何時該終止連線、發送何種訊號時表示接下來要傳送檔案，也就是建立和管理接收端與發送端之間的連線對談形式。這層可利用全雙工、半雙工或單工來建立雙向連線，並維護與終止兩台電腦或多個系統間的交談，透過執行緒的運作，決定電腦何時可傳送 / 接收資料。一旦連線成功，會議層便可管理會議對談，要建立會議層連線，使用者必須要告知會議層遠端連線的位址，遠端連線的位址並不是所謂的 MAC 位址，也不是網路位址，而是專為使用者容易記的位址，如網域名稱（Domain Name Space，DNS）（www.zct.com.tw）、電腦名稱（zct）。例如在玩線上遊戲時，就不能發生客戶端按一下方向鍵表示要移動遊戲中的人物 1 格，伺服端卻認為這是要移動人物 10 格，這就是會議層中應該實作的規範。

2-1-6 表達層

「表達層」（Presentation layer）是為 OSI 模型的第六層，主要的工作是在協調網路資料交換的格式、字元碼的轉換及資料的壓縮加密。例如全球資訊網中有文字、各種圖片、甚至聲音、影像等資料，而表達層就是負責訂定連線雙方共同的資料展示方式，例如文字編碼、圖片格式、視訊檔案的開啟等等。

由於字碼的轉換在電腦內部都會有不一樣的編碼方式，從電腦的角度來看，電腦只看得懂 0 跟 1（無電、有電）而已，而我們所要看得懂的資料，是必須編列過的，而編列出這一套我們看得懂的碼，我們稱為「內碼」，在各家廠商電腦內部下會有不一樣的編碼方式（如 EBCDIC、ASCII 碼），雖然電腦傳輸

是以二進位碼來傳輸的,可是如果沒有制定一種轉碼的方式,那麼接收端接收的資料看起來就一定會與發送端的資料有所不同了,例如發送端傳送一個字元A,在接收端可能看到一個字元 B,那不是很奇怪嗎?所以表達層在這裡會先判斷接收端的內碼編排方式,將資料依照接收端的內碼編排方式編排一次,再送往下一層。

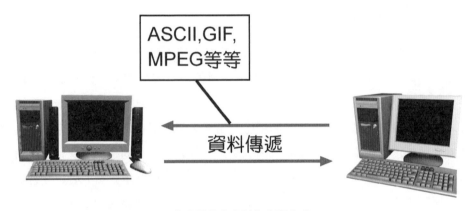

<表達層負責資料的表現方式>

除了字元碼轉換外,表達層還能夠在傳送端將資料予以壓縮(Compression)及加密(Encryption),以使資料傳輸效率得以提升,並且資料更具有更高的安全性。至於在接收端方面,則可以對接收的資料予以解壓縮(Decompression)及解密(Decryption),以還原成原來的模樣。

2-1-7 應用層

「應用層」(Application Layer)是為 OSI 模型的第七層,也是最上層,它最主要是提供應用程式與網路之間溝通的介面,它可以讓應用程式與網路傳遞資料或收發電子郵件。請讀者小心,切勿把應用層看成是應用程式,應用層並不是使用者所使用的應用程式,應用層只是在做應用程式彼此之間的通訊而已。

在這一層中運作的就是我們平常接觸的網路通訊軟體,直接提供了使用者程式與網路溝通的「操作介面」,例如瀏覽器、檔案傳輸軟體(FTP)、電子郵件軟體(Email)等。它的目的在於建立使用者與下層通訊協定的溝通橋樑,並與

連線的另一方相對應的軟體進行資料傳遞。通常這一層的軟體都採取所謂的主從模式。

2-2 DoD 參考模型（TCP/IP）

OSI 模型是在 1988 年所提出，但是網路的發展卻是早在 1960 年代就開始，所以不可能是按照 OSI 模型來運作，在 OSI 模型提出來之前，TCP/IP 也早就於 1982 年提出，當時 TCP/IP 的架構又稱之為 TCP/IP 模型，同年美國國防部（Department of Defense）將 TCP/IP 納為它的網路標準，所以 TCP/IP 模型又稱之為 DoD 模型。DoD 模型分工較為簡略，強調是以 TCP/IP 為主的網際網路；而 OSI 模型是由 ISO 所制定的國際標準，必須容納多種不同的網路，因此不局限於 TCP/IP 協定。DoD 模型是個業界標準（de facto），並未經公信機構標準化，但由於推行已久，加上 TCP/IP 協定的普及，因此廣為業界所採用，DoD 模型的層次區分如右圖所示：

<DoD 模型架構圖>

2-2-1 應用層

「應用層」（Application layer）就是程式處理資料的範圍與如何提供服務，這一層的工作相當於 OSI 模型中的應用層、表達層與會議層三者的負責範圍，只不過在 DoD 模型中不如 OSI 模型區分地這麼詳細。例如，HTTP 對應瀏覽器、SMTP/POP3 對應郵件管理程式。

2-2-2 傳輸層

「傳輸層」（Transportion layer）又稱為主機對主機層（Host to Host Layer），主要功能是提供兩部不同電腦之間穩定且可靠的通信。將上層應用層的應用程式與下層網路層的複雜性相互隔離，應用層只須發出請求，而不用了解任務，

相當於 OSI 模型的傳輸層，這層中負責處理資料的確認、流量控制、錯誤檢查等事情，TCP 與 UDP 是本層最具代表性的通訊協定。

2-2-3　網路層

「網路層」（Network layer）又稱網際網路層（Internet layer）所負責的工作，相當於 OSI 模型的網路層與資料連結層，決定資料如何傳送到目的地，例如 IP 定址、IP 路徑選擇、MAC 位址的取得等，都是在這層中加以規範。網路層（Network layer），是透過路由器（Router）之 IP 協定與路由選擇（Routing），把封包送往目的地

2-2-4　連結層

「連結層」（Link layer）所負責的工作，又稱為網路介面層，相當於 OSI 模型的實體層，負責對硬體的溝通，將封裝好的邏輯資料以實際的物理訊號傳送出去，負責與資料鏈結層設備溝通，例如乙太網路、PPP 及 ISDN 等設備。

2-3　網路模型的運作方式

不論是 OSI 模型還是 DoD 模型，運作方式其實都是大同小異，都是以分層分級來工作，資料必須由最上層往最下層運送與逐層處理，絕不允許越層處理，並經過每一層的包裝，並在表頭（Header）加上每層的資訊，我們稱之為「封裝」（Encapsulation）。包裝完畢後再把資料傳送到接收端，當接收端收到封包時，再由最下層傳至最上層，並經過一層一層的解開，最後得到真正的資料。

請各位注意到之前在說明 OSI 模型時，曾使用到 IP 位址、ARP 協定等來作為印證，其實這些協定是屬於 DoD 模型中所規範的，也就是 TCP/IP 協定組合中運作的機制，只不過兩者之間可以相互對應，下圖列出了 OSI 模型、DoD 模型與 TCP/IP 三者間的對應關係：

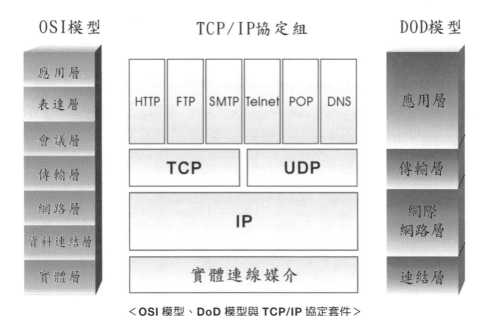

<OSI 模型、DoD 模型與 TCP/IP 協定套件 >

下圖則是 TCP/IP 模型處理資料的順序的示意圖：

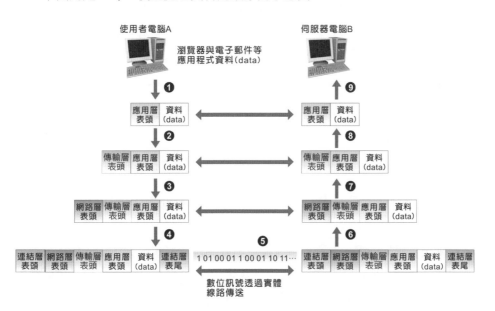

以下為上圖 TCP/IP 模型分層架構下資料傳送的過程說明：

❶ 取得使用者電腦 A 應用程式的指令資料（data）並加以封裝成封包。

❷ 將封包加上應用層表頭，再往下一層傳輸層傳送。

❸ 將封包再加上傳輸層表頭，再往下一層網路層傳送。

❹ 將封包再加上網路層表頭，再往下一層連結層傳送。

❺ 將封包再加上連結層表頭及表尾，再透過實體線路傳送到目的地的電腦。

❻ 將從實體線路收到的資料進行解封包的動作，首先去除連結層的表頭及表尾後，再上傳到伺服器端的網路層。

❼ 去除網路層的表頭後，再上傳到伺服器端的傳輸層。

❽ 去除傳輸層的表頭後，再上傳到伺服器端的應用層。

❾ 去除應用層的表頭後，伺服器電腦 B 的應用程式便能正確接收使用者電腦 A 所傳送的資料。

2-4　網路相關設備

在實際要架設網路時，為了能夠把各電腦連接起來，就必須利用到電纜及機器來故連接，一個完整的通訊網路架構，還必須有一些相關硬體設備來配合進行電腦與終端機間傳輸與聯結工作。本節中我們將分別為各位介紹這些設備的功能與用途。

2-4-1　數據機

數據機的原理是利用「調變器」（Modulator）將數位訊號調變為類比訊號，再透過線路進行資料傳送，而接收方收到訊號後，只要透過解調器（Demodulator）將訊號還原成數位訊號。如果以頻寬區分，可以區分為窄頻與寬頻兩種，傳統的撥接式數據機傳輸速率最多只能到 56Kbps，因此稱為窄頻，而傳輸速率在 56Kbps 以上的則通稱為寬頻，例如寬頻上網 ADSL 數據機與纜線數據機（Cable Modem），不過現在已經是光纖寬頻上網的世代了。

所謂「頻寬」（bandwidth），是指固定時間內網路所能傳輸的資料量，通常在數位訊號中是以 bps 表示，即每秒可傳輸的位元數（bits per second），其他常用傳輸速率如下：

Kbps：每秒傳送仟位元數。

Mbps：每秒傳送百萬位元數。

Gbps：每秒傳送十億位元數。

2-4-2 中繼器

訊號在網路線上傳輸時，會隨著網路線本身的阻抗及傳輸距離而逐漸使訊號衰減，而中繼器主要的功能就是用來將資料訊號再生的傳輸裝置，它屬於 OSI 模型實體層中運作的裝置。例如同軸電纜最大的長度是 185 公尺，訊號傳遞如果超過這個長度，會由於訊號衰減而變得無法辨識，如果算使用超過這個長度的網路，就必須加上中繼器連結，將訊號重新整理後，再行傳送出去。不過使用中繼器也會有些問題，錯誤的封包會同時被再生，進而影響網路傳輸的品質。而且中繼器也不能同時連接太多台（通常不超過 3 台），因為訊號再生時多少會與原始訊號不相同，在經過多次再生後，再生訊號與原始訊號的差異性就會更大。

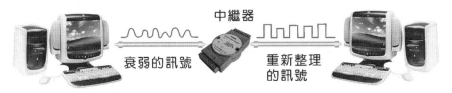

＜中繼器可以將訊號重新整理再傳送＞

2-4-3 集線器

集線器（Hub）通常使用於星狀網路，並具備多個插孔，可用來將網路上的裝置加以連接，增加網路節點的規模，但是所有的埠（Port）只能共享一個頻寬。雖然集線器上可同時連接多個裝置，但在同一時間僅能有一對（兩個）的裝置在傳輸資料，而其它裝置的通訊則暫時排除在外。這是因為集線器採

用「共享頻寬」的原則，各個連接的裝置在有需要通訊時，會先以「廣播」（Broadcast）方式來傳送訊息給所有裝置，然後才能搶得頻寬使用。

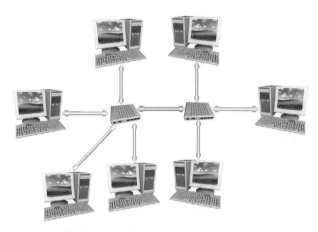

＜集線器的功用可以擴大區域網路的規模＞

還有一種「交換式集線器」（或稱交換器），也具備有過濾封包的功能，所以各位可以將交換器看作是一個多埠橋接器；由於集線器並不具備有過濾封包的功能，所以使用集線器連接的電腦裝置會共享所有的頻寬。然而交換器具有橋接器過濾封包的功能，所以若不屬於另一個網段上的封包，則會過濾不予通過，所以若有一個電腦裝置連接至交換器，它將會擁有該條線路上所有的頻寬，連接至交換器上的電腦可以是伺服器，或是一整個區域網路，通常為了提高伺服器的存取效率，會將伺服器直連接至交換器上，而將其它個別的網路以集線器連接後，再連接至交換器，由於集線器的整體效率較差，目前幾乎已是交換器的天下了。如下圖所示：

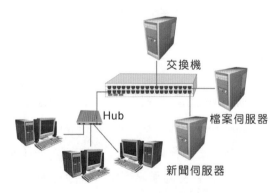

交換機

Hub

檔案伺服器

新聞伺服器

＜交換器使用示意圖＞

2-4-4 橋接器

當乙太網路上的電腦或裝置數量增加時，由於傳輸訊號與廣播訊號的碰撞增加，任何訊號在網路上的每一台電腦都會收到，因此會造成網路整體效能的降低。而橋接器可以連接兩個相同類型但通訊協定不同的網路，並藉由位址表（MAC 位址）判斷與過濾是否要傳送到另一子網路，是則通過橋接器，不是則加以阻止，如此就可減少網路負載與改善網路效能，是在 OSI 模型的資料連結層上運作。橋接器能夠切割同一個區域網路，也可以連接使用不同連線媒介的兩個網路。例如連接使用同軸電纜的匯流排網路與使用「無遮蔽式雙絞線」（UTP）的星狀網路。不過這兩個網路必須使用相同的存取方式，例如符記環網路就不能使用橋接器來與使用 UTP 線路的乙太網路連接。

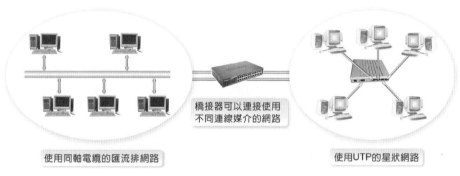

橋接器可以連接使用
不同連線媒介的網路

使用同軸電纜的匯流排網路　　　　　　　使用UTP的星狀網路

＜透過橋接器可減少網路負載與改善網路效能＞

2-4-5 閘道器

「閘道器」（Gateway）可連接使用不同通訊協定的網路，讓彼此能互相傳送與接收。由於可以運作於 OSI 模型的七個階層，所以它可以處理不同格式的資料封包，並進行通訊協定轉換、錯誤偵測、網路路徑控制與位址轉換等。只要閘道器內有支援的架構，就隨時可對系統執行連接與轉換的工作，可將較小規模的區域網路連結成較大型的區域網路。

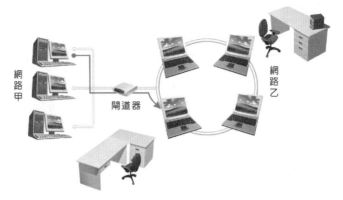

< 閘道器可轉換不同網路拓樸的協定與資料格式 >

2-4-6 路由器

「路由器」（Router）又稱「路徑選擇器」，是屬於 OSI 模型網路層中運作的裝置。它可以過濾網路上的資料封包，且將資料封包依照大小、緩急與「路由表」來選擇最佳傳送路徑，綜合考慮包括頻寬、節點、線路品質、距離等因素，以將封包傳送給指定的裝置。路由器是在中大型網路中十分常見的裝置，並兼具中繼器、橋接器與集線器的功用。路由器也相當於網路上的一個網站，它必須擁有 IP 位址，而且是同時在兩個或兩個以上的網路上擁有這個位址。它可以連接不同的連線媒介、不同的存取方式或不同的網路拓樸，例如下圖所示：

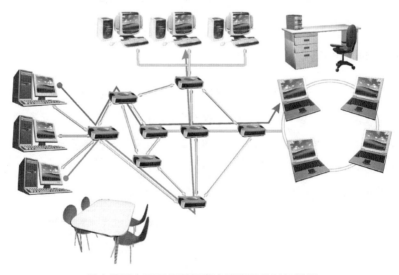

< 路由器可在不同網路拓樸中選擇最佳封包路徑 >

2-5　有線通訊傳輸媒介

　　一個完整的通訊網路架構，還必須有一些傳輸媒介來配合進行電腦與終端機間傳輸與聯結工作。對於這些設備的了解與認識，也是對於進入網路通訊領域的必備課程。

2-5-1　雙絞線

　　「雙絞線」（Twisted Pair）是一種將兩條絕緣導線相互包裹絞繞在一塊的網路連線媒介，通常又可區分為「無遮蔽式雙絞線」（Unshielded Twisted Pair，UTP）與「遮蔽式雙絞線」（Shielded Twisted Pair，STP）兩種。例如家用電話線路是一種「無遮蔽式雙絞線」，優點是價格便宜，缺點是容易被其他電波所干擾。另外應用於 IBM「符記環」（Token Ring）網路上的電纜線就是一種「遮蔽式雙絞」，由於遮蔽式雙絞線在線路外圍加上了金屬性隔離層，較不易受電磁干擾，所以成本較高，架設也不容易。

<雙絞線剖面圖>

2-5-2　同軸電纜

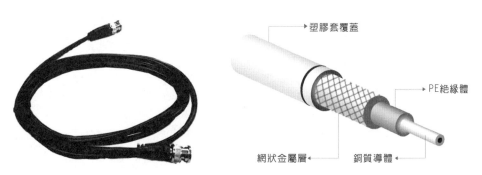

▶塑膠套覆蓋

▶PE絕緣體

網狀金屬層◀　　　銅質導體◀

<同軸電纜外觀與剖面圖>

　　「同軸電纜」（Coaxial Cable）的構造中央為銅導線，外面圍繞著一層絕緣體，然後再圍上一層網狀編織的導體，這層導體除了有傳導的作用之外，還具有隔絕雜訊的作用，最後外圍會加上塑膠套以保護線路。在價格上比雙絞線略高，普及率也僅次於雙絞線。

2-5-3　光纖

　　「光纖」（Optical Fiber）所用的材質是玻璃纖維，並利用光的反射來傳遞訊號，主要是由纖蕊（Core）、被覆（Cladding）及外層（Jacket）所組成，它是利用光的反射特性來達到傳遞訊號的目的。傳遞原理是當光線在

<光纖剖面圖>

介質密度比外界低的玻璃纖維中傳遞時，如果入射的角度大於某個角度（臨界角），就會發生全反射的現象，也就是光線會完全在線路中傳遞，而不會折射至外界。由於光纖所傳遞的光訊號，所以速度快，而且不受電磁波干擾。光纖通常使用在「非同步傳輸模式」網路（Asynchronous Transfer Mode，ATM）上，而在 100BaseFX 高速乙太網路上，也可以使用兩對光纖來進行連結。

本│章│習│題

1. OSI 參考模型有那七層？

2. DoD 模型有那四層？

3. 請說明路由表（Routing Table）的主要功能。

4. 試說明網路卡實體位址（MAC Address）。

5. 傳輸層用來辨識資料屬於哪個應用程式的方法？試說明之。

6. 請簡述集線器（Hub）與相關功能。

7. 請說明網路層的工作內容。

8. 簡述光纖的特性與傳遞原理。

9. 試簡述路由器的功用。

03
Chapter

IP 定址與相關應用

　　網際網路是一個許多網路相互連結的系統，電腦裝置除了在自身所在的區域網路之內進行資料存取之外，也經常有跨越網路進行資料傳送的需求。我們知道「網路層」與「連結層」最大不同的地方是「連結層」只能對位於同一條線路的兩個節點之間進行傳輸，而「網路層」卻能位於不同線路的兩個節點之間進行傳輸。

　　網路層是 OSI 模型的第三層，負責將訊息定址並將邏輯位址與名稱轉換成實體位址。主要工作包括 IP 定址與路徑選擇、網路管理、資料分割重組等。「網際網路協定」（Internet Protocol），簡稱「IP」，主要就是存在於網路層，IP協定是 TCP/IP 協定中的運作核心，負責主機間網路封包的定址與路由，能將封包（Packet）從來源處送到目的地。

3-1　IP 定址

　　在 TCP/IP 協定體系中，每台連接至網際網路的電腦裝置，都一定要有一個獨一無二的 IP 邏輯位址，不能有兩台裝置同時擁有同一個位址。在網際網路上存取資料時，就必須靠著這個位址來辨識資料與傳送方向，而這個網路位址就稱為「網際網路通訊協定位址」，簡稱為「IP 位址」。

　　IP 位址並不像實體的 MAC 位址是直接燒錄在網路卡上，它是一種邏輯位址，除了對應實體位址之外，並不是一個可移動的位址。當電腦裝置從某個網路移至另一個網路時，就需要重新指定 IP 位址。我們常說的「定址」就是將網路上所有的主機裝置編上一個位址，以便能加以辨識各個主機裝置在網路上的位址，而這種位址是獨一無二的，換句話說，每一個位址都只能配給一個主機裝置而已。

3-1-1　IP 位址結構

　　我們知道要連接上網路的任何一台電腦，都必須要有一個 IP 位址，IP 位址是由 32 個位元所組成的二進位碼，每八個位元為一個單位，為了方便表示，會

以十進位來計算，所以每個單位可以用 0 ～ 255 的數值來表示，每個單位之間以句點加以區隔，例如以下的 IP Address：

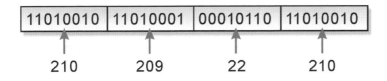

| 11010010 | 11010001 | 00010110 | 11010010 |

210   209   22   210

請注意！IP 位址具有不可移動性，也就是說您無法將 IP 位址移到其它區域的網路中繼續使用。IP 位址的通用模式如下：

$$0{\sim}255.0{\sim}255.0{\sim}255.0{\sim}255$$

例如以下都是合法的 IP 位址：

140.112.2.33
198.177.240.10

IP 的這四個位元組，可以分為兩個部分——「網路識別碼」（Network ID 或簡寫成 Net ID）與「主機識別碼」（Host ID）：

| 網路識別碼
(Net ID) | 主機識別碼
(Host ID) |

<IP 位址是由網路識別碼與主機識別碼所組成>

3-1-2 IP 位址的等級

前面提到 IP 位址是由「網路識別碼」（Network ID）與「主機識別碼」（Host ID）組成，網路識別碼與主機識別碼的長度並不固定，而是依等級的不同而有所區別。請看以下說明：

網路識別碼

11000000 10101000 00000000 11011011

主機識別碼

IP 位址可以區分為「網路識別碼」與「主機識別碼」

IP 位址組成元件	說明與介紹
網路識別碼	主要目的是要讓 IP 路由器知道它要轉送封包所屬的網路位址。在「多重網路」（Multinetting）中，它是由許多網路相連後，形成另一個大型的網路，而每一組網路都有它獨特的網路位址。例如要從 A 端主機送一段 IP 封包到 B 端主機去，而中間必須要通過 A 段及 B 段的 IP 路由器，而在中間的 A 段 IP 路由器就必須靠 IP 位址內的「Network ID」來判斷 IP 封包應該要送往 B 組網路去。在同一個區域網路中的電腦所分配到的 IP 位址，都會有相同的網路識別碼，以代表其所屬的網路，例如 202.145.52.115 就屬於 202.145.52.0 這個網路，而 140.112.18.32 就屬於 140.112.0.0 這個網路，前面是個 C 級網路，而後者是個 B 級網路。在 IP 位址的分配中，主機識別碼部份如果全部為 0，則用來表示網路本身，例如 140.112.0.0。
主機識別碼	主機識別碼則用來識別該位址是屬於網路中的第幾個位址，也就是識別網路上的個別裝置。在 A 段 IP 路由器知道要把 IP 封包送往 B 組網路去時，中間又會經過 B 段 IP 路由器，而 B 段路由器就必須要靠 IP 位址內的「Host ID」，再將 IP 封包送往 B 端主機去。例如 202.145.52.115 即為 202.145.52.0 這個網路下的第 115 個位址，而在這個網路下，原則上會有 2^8=256 個位址可以使用。但是位元全部為 1 用來當作廣播位址，而位元全部為 0 用來識別網路本身，所以實際上會有 254 個 IP 位址可以使用，同樣的道理，140.112.0.0 這個網路下會有 2^{13}−2=65534 個位址可以使用。

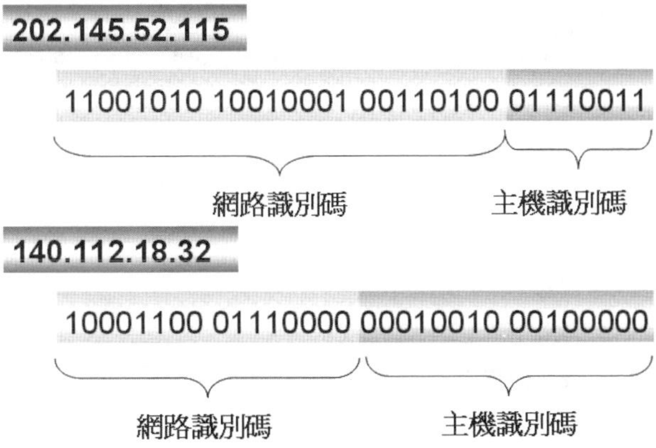

202.145.52.115

11001010 10010001 00110100 01110011

網路識別碼　　　　　　　主機識別碼

140.112.18.32

10001100 01110000 00010010 00100000

網路識別碼　　　　　主機識別碼

< 等級不同的網路識別碼與主機識別碼有不一樣劃分方式 >

　　為了管理上的方便，IP 位址當初在設計時區分為五個等級（Class），分別以 ABCDE 來加以標示，目前最常接觸的是 Class A、Class B 與 Class C，而 Class D 是用來作為「多點廣播」（Multicast）之用，而 Class E 則是用在於實驗之用，以下分別對這五個等級的 IP 位址以圖表來說明：

等級	前導位元	判斷規則	IP 範例與說明	圖示說明
A	0	第一個數字為 0 ～ 127	12.18.22.11。其網路識別碼部份佔了八個位元，而主機識別碼部份佔了 24 個位元，因此每一個 A 級網路系統下轄 2^{24}=16,777,216 個 IP 位址。因此通常是國家級網路系統，才會申請到 A 級位址的網路。	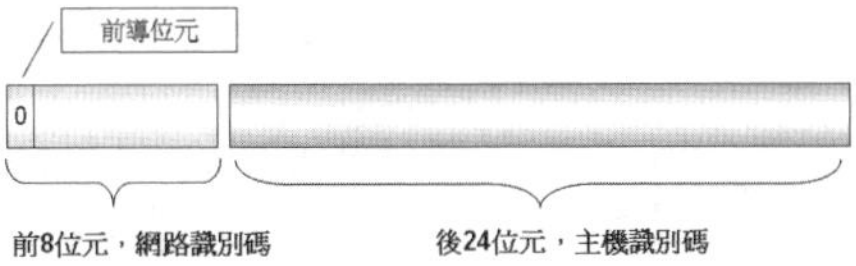 前導位元　0　前8位元，網路識別碼　　　後24位元，主機識別碼

等級	前導位元	判斷規則	IP 範例與說明	圖示說明
B	10	第一個數字為 128 ～ 191	129.153.22.22。其網路識別碼部份佔了 16 個位元，而主機識別碼部份佔了 16 個位元，因此每一個 B 級網路系統下轄 2^{16}=65,536 個主機位址。因此 B 級位址網路系統的對象多半是 ISP 或跨國的大型國際企業。	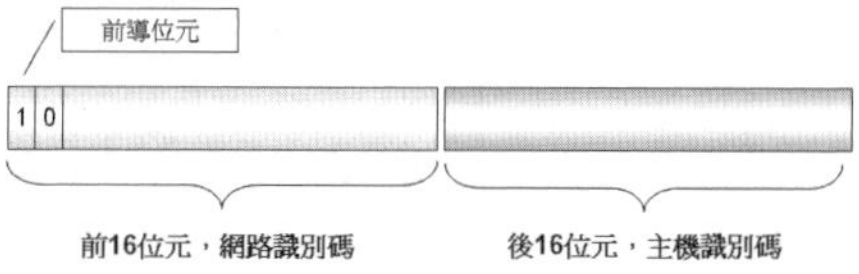 前導位元 1 0 前16位元，網路識別碼 後16位元，主機識別碼
C	110	第一個數字為 192 ～ 223	194.233.2.12。其網路識別碼部份佔了 24 個位元，而主機識別碼部份佔了八個位元，因此每一個 C 級網路系統僅能擁有 2^8=256 個 IP 位址。適合一般的公司或企業申請使用。	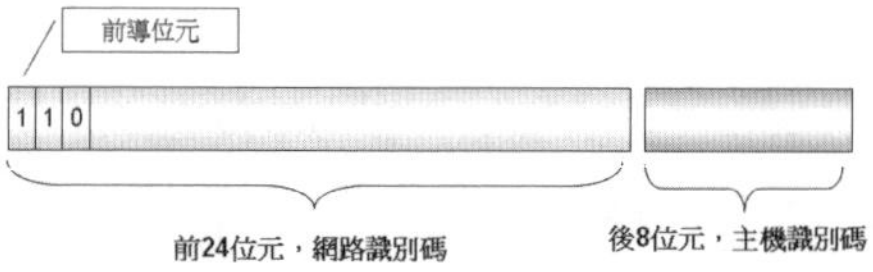 前導位元 1 1 0 前24位元，網路識別碼 後8位元，主機識別碼
D	1110	第一個數字為 224 ～ 239	239.22.23.53。此類 IP 位址屬於「多點廣播」(Multicast) 位址，就是針對網路中某一個特定的群組中之電腦進行訊息的發送。因此只能用來當作目的位址等特殊用途，而不能作為來源位址。	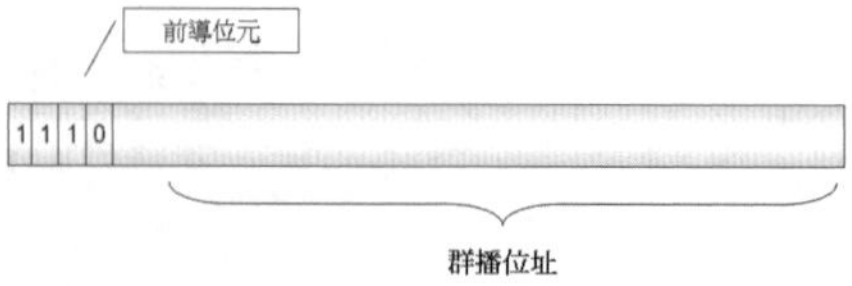 前導位元 1 1 1 0 群播位址

等級	前導位元	判斷規則	IP 範例與說明	圖示說明
E	1111	第一個數字為 240 ～ 255	245.23.234.13。全數保留未來使用。所以並沒有此範圍的網路。	前導位元 1111 保留位址

我們可以看出這五類分配位址的比較,如下表所示:

類別	Network ID 所占的位元數	前導位元	最小的 Network ID	最大的 Network ID	範圍
A	8	0	0	127	0.x.y.z ~ 127.x.y.z
B	16	10	128	191	128.x.y.z ~ 191.x.y.z
C	24	110	192	223	192.x.y.z ~ 223.x.y.z
D	X	1110	224	239	224.x.y.z ~ 239.x.y.z
E	X	1111	240	253	240.x.y.z ~ 255.x.y.z

3-1-3 特殊用途的 IP 位址

除了 D 級與 E 級位址之外,A、B、C 各級位址中有一些位址是保留為特定用途使用,這些特殊的 IP 位址都代表著不同的意思,所以我們在編列 IP 位址時就要避開這些特殊的 IP 位址,請看以下說明:

🔧 迴路位址

127.0.0.1 是用來作為迴路(Loopback)位址之用,因為 127.0.0.0 這整個 A 級網路完全不能使用,以做為本機迴路測試之用。其中 127.0.0.1 是最常被用來測試軟體時使用,例如在架設網頁伺服器時,可以在網址列上鍵入這個位址,以測試伺服器軟體運作是否正常:

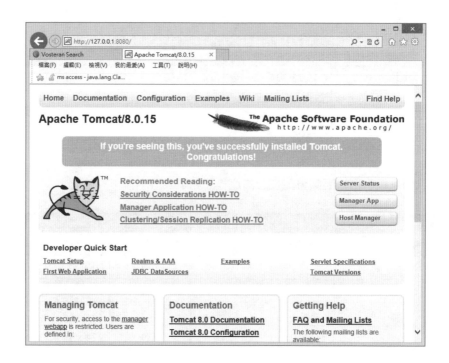

主機識別碼部份或全部為 0

網路識別碼不為 0，但主機識別碼部份全部為 0，例如 122.0.0.0，它代表網路本身，也就是說可以將網路視作一個實體，例如 204.145.52.0 表示 204.145.52. 這個 Class C 級網路，該網路的主機位址是 204.145.52.1 ～ 204.145.52.254，如下圖 3 個 A、B、C 級網路，分別是 125.0.0.0、181.12.0.0 與 204.145.52.0：

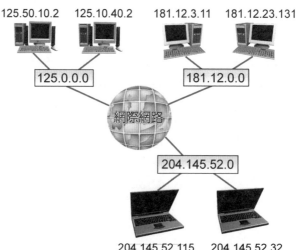

⚙ 主機識別碼全部為 1

　　主機識別碼全部的位元都設為 1 時，但網路識別碼不是全部為 1，則是作為廣播使用的位址，可以廣播至該網路所有主機，例如 201.73.202.255，這是用來當作「直接廣播位址」，使用這個位址的封包可以跨越路由器，將資訊傳遞至同一網路識別碼（201.73.202.0）這個 C 網路中進行廣播。

⚙ 網路與主機識別碼全為 1 的位址

　　網路識別碼與主機識別碼皆全部為 1 的位址，也就是 255.255.255.255，這稱之為「有限廣播位址」或「區域廣播位址」，只能運作於區域網路之內，也就是只有同網路位址上的主機可以收到此種廣播。

⚙ 網路與主機識別碼全部為 0 的位址

　　0.0.0.0 是一個 A 級位址，它保留用來表示目前主機尚不知道自己在網路上的 IP 位址，它只能當作來源位址，當一部電腦開機時如果還沒有 IP 位址，就會先指定此一位址先作為來源位址。

⚙ 網路識別碼全部為 0，主機識別碼不全部為 0

　　網路識別碼全部為 0，但主機識別碼不全部為 0，例如 0.0.0.255，這個位址是用來當作目的位址，表示要傳送封包給指定的主機，它所指定的是封包所屬的主機本身。

⚙ 10 或 192 開頭的位址

　　10 或 192 開頭的位址並不會分配出去，它是保留給公司企業團體內部所使用的 IP 位址，稱為私有 IP，這些位址也不可以使用在網際網路上。

3-2　子網路（Subnet）

在各位了解 IP 位址的分類後，可能會發現一個很奇怪的問題，那就是如果對於 IP 位址的需求量介於兩種類別之間，又不想太浪費多餘的 IP 位址，那要怎麼辦呢？我們就以「127.0.0.0」這個測試用的 A 級網路來說，它就足足浪費了 1,600 多萬個位址，但是很少有任何企業或組織可以使用到這麼多的位址，而那些沒有使用到的位址不就白白浪費掉。像是諸如此類的問題，就可以利用稱為「子網路」（Subnet）技術，來切割有較大 IP 位址量的類別，求得與實際 IP 位址需求量差別不大的網路 IP 位址分類。

3-2-1　子網路切割

如同上述所提到的一樣，如果分配到的類別 IP 位址與實際 IP 位址的需求量差別太多的話，勢必要浪費掉許多 IP 位址資源，而且它們是會被分配到同一網域上的，小型的類別還好，如果遇到大型的類別，那會造成網路效能的低落，這樣絕對是不符合實際網路需求。假如一個企業需要 1,000 個 IP 位址，但是 C 級位址只能提供 256 個 IP 位址，並不能滿足這個企業的需求，此時就必須申請 B 級位址，但是 B 級位址卻有 65,534（在實際應用上主機位址不能全為 0 或全為 1，所以 B 級網路的實際可用位址為 65,536–2=65,534）個 IP 位址可供使用，多出來的 IP 位址也因為沒有使用而造成不必要的浪費。

例如：榮欽科技是一家中小企業，而這一家中小企業它所分配到的 IP 位址是 B 類別，而 B 類別可以實際可分配到 65534 組的 IP 位址，可是榮欽科技實際的 IP 位址需求量是 8000 組 IP 位址，如果不加以切割的話，那勢必會浪費掉許多沒有使用到的 IP 位址，而 C 類別 IP 位址的基本量為 254（在實際應用上主機位址不能全為 0 或全為 1，所以 C 級網路的實際可用位址為 256–2=254）組，對於榮欽科技來說卻是不夠的如上述範例，在這個時候就必須要用到子網路技術來解決，它能夠做到儘量避免浪費沒有用到的 IP 位址資源。

我們以下來看一個實際範例，就以榮欽科技來說，對於 IP 位址需求量是 8000 組的情況下，且被分配到的是 B 類別等級的 IP 位址，我們準備將分配到

的 B 類型等級的 IP 位址做子網路切割。之前有談到 IP 位址可區分為「網路識別碼」與「主機識別碼」，而 B 類別的這兩種 ID 它們分別佔 2 個 Bytes（各 16 個 Bits），如下圖：

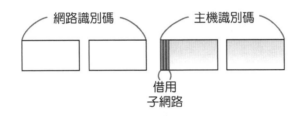

以一個 B 級位址 149.83.0.0 來說，它可以有 65,534 個可用的 IP 位址，但是「149.83」這個網路識別碼部份是由上一級機構所分配，是絕對不能改變，這時只能考慮將主機識別碼部份加以切割。如果想要將這個 B 級網路切割為八個子網路，就必須向主機識別碼「借」三個位元來當作是子網路 ID，如下圖所示：

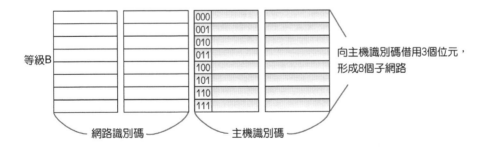

因為這 3 個 Bits 可產生 8 種變化出來（000~111），可分出 8 個網路出來了。如下圖：

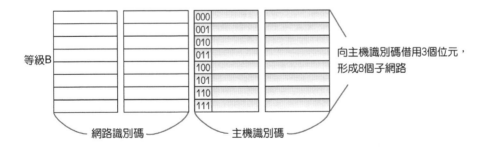

在當「主機識別碼」被借走了 3 個 Bits 後，「主機識別碼」就只剩下 16-3=13 個 Bits 了，所以能用的「主機識別碼」也剩下 2^{13}=8192 組了，再扣除掉全為 0 與全為 1 的 ID，所得到的值就有 8190 組了。換句話說，經過這樣切割的子網路，可切割出 8 種可用的子網路，而每一個子網路都可擁有 8190 組實際可用的 IP 位址了。

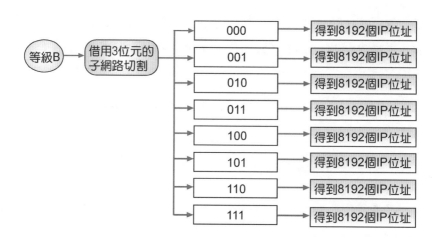

雖然每一個子網路可以切割成 8192 個位址,但實際可用只有 8190 個。由上面網路規劃可以得知當所借的位元數越多時則所形成的子網路也會越多,但每個子網路下所擁有的可用位址就會越少。而且由於是從主機識別碼部份的首位開始借位,所以切割網路時所形成的子網路必定是 2 的次方。下表為 B 級網路可被切割的子網路數:

向「主機識別碼」 借的位數	可分割出的子網路數	每個子網路可用的 主機識別碼
1	2	32768
2	4	16384
3	8	8192
4	16	4096
5	32	2048
6	64	1024
7	128	512
8	256	256
9	512	128
10	1024	64
11	2048	32
12	4096	16
13	8192	8
14	16384	4

<B 級網路的子網路形成切割表>

請注意！子網路在借位時會因為路由器的不同而有所限制。在早期 RFC 950 中規定子網路在切割時有一個限制：不可以將子網路 ID 只以一個位元來表示，因為它只能建立兩個子網路位址，考慮到扣除掉全為 0 與全為 1 的情況下，如果只用一個位元（只能分為 0 與 1）來表示的話，那就是沒有可用的子網路。

不過在 RFC 1812 中則允許子網路在切割時，子網路位址可以使用全部為 0 或全部為 1 的位元，但前提是一定要主機與路由器皆有支援才可。但是，目前大部份的軟硬體沒有這項限制，也就是說，即使用子網路位址全部為 0 或全部為 1 也可以被接受。

另外，還要特別向讀者說明，上面的表格只是列出，當向「主機識別碼」借多少位數時，可以分割出多少個子網路數，及每個子網路可分配到的主機位址個數。但在實際的應用上，「主機識別碼」不得全部為 0 或全部為 1，因此每個子網路可用的主機位址的數量必須減 2。舉例來說，當向「主機識別碼」借 3 個位元時，可以分割出 8 個子網路，每個子網路可用的主機識別碼數量應該是上述表格中的 8192 再減 2，即每個子網路可用的主機位址的數量為 8190 個。

也就是說，上表中借位至 15 及 16 個位數是不可行的。當借位至 15 位時，子網路中只會有兩個主機數量，也就是 0 與 1。扣除廣播封包位址與網路本身位址，就沒有可以使用的主機位址了。至於借位到 16 位時，根本就沒有主機識別碼可以產生網路位址，因此也是不合法的。這就是為什麼我們在上述 B 級網路的子網路形成切割表中，沒有列出向主機識別碼借位 15 及 16 位元的重要原因。

同理，底下為 C 級網路可被切割的子網路數：

向「主機識別碼」 借的位數	可分割出的子網路數	每個子網路可用的 主機識別碼
1	2	128
2	4	64
3	8	32
4	16	16
5	32	8
6	64	4

< C 級網路的子網路形成切割表 >

上表中借位至 7 及 8 個位數是不可行的。當借位至 7 位時,子網路中只會有兩個主機數量,也就是 0 與 1。扣除廣播封包位址與網路本身位址,就沒有可以使用的主機位址了。至於借位到 8 位時,根本就沒有主機識別碼可以產生網路位址,因此也是不合法的。這就是為什麼我們在上述 C 級網路的子網路形成切割表中,沒有列出向主機識別碼借位 7 及 8 位元的重要原因。

3-2-2 子網路遮罩(Subnet Mask)

雖然可以將有較大 IP 位址量的分類等級做切割,但是在 IP 路由器轉送 IP 封包時,被切割的「子網路」也必須讓 IP 路由器辨識,因為 IP 路由器只可以利用「網路識別碼」及「主機識別碼」來做資料封包的轉送,而且「網路識別碼」及「主機識別碼」在 IP 位址分類等級中所佔的位元數也是固定的,如 A 類型 IP 位址的「網路識別碼」它佔了 8 個 Bits,「主機識別碼」則佔了 24 個 Bits,如果有做子網路切割的話,勢必要告訴 IP 路由器,子網路的「網路識別碼」與「主機識別碼」所佔的長度,因此我們可以利用一個與 IP 位址相同長度(32 Bit)的「子網路遮罩」(Subnet Mask)來輔助辨識網路識別碼與主機識別碼。

「子網路遮罩」又稱為「位元遮罩」,它是由一連串的 1 與一連串的 0 所構成的,全部長度為 32Bits(4Bytes),其表示方法與 IP 位址表示法相同,如下圖所示:

子網路遮罩表示法

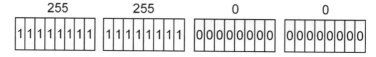

各位值得注意的是,「子網路遮罩」必須是由「連續」的 1,再加上「連續」的 0 所構成的。因為在子網路 IP 位址裡,所有的 1 指的是「網路識別碼」所佔的位元數;所有的 0 指的是「主機識別碼」所佔的位元數,所以它不能在連續的 1 內插入一個 0;亦不能在連續的 0 內插入一個 1。所以不可以是以下數字(1 不連續出現):

11111111 00111111 11110000 00000000

或

11111111 11101111 00000000 00000000

例如一個 B 級位址，如果向主機識別碼借了三個位元來做子網路切割，這時的子網路遮罩所使用「1」的總數就等於「網路識別碼」與「子網路識別碼」的位元數總和。所以在 IP 路由器收到 IP 封包時候，IP 路由器會依照「子網路遮罩」來計算子網路的「網路識別碼」及「主機識別碼」所佔的位元數。如下圖例：

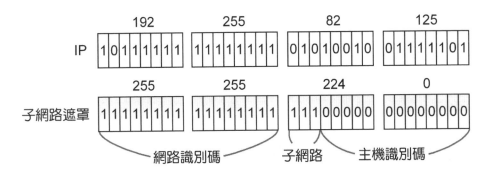

在本例中子網路遮罩共有 19 個「1」，扣除 B 級位址本身網路遮罩的 16 個「1」，所以我們可以得知其中有 3 個「1」是向主機識別碼「借位」來的。同樣道理，也可以將 IP 位址與子遮罩寫成：192.255.82.125 / 19。在這裡的「/」是用來做區隔的，在「/」之前的 192.255.82.125 是表示位址，而「/」之後的19，則代表的是「網路識別碼」所佔的位元數。

如果未進行子網路切割，則 A 級位址子網路遮罩應設定為「255.0.0.0」，B 級位址子網路遮罩應設定為「255.255.0.0」，而 C 級位址子網路遮罩則設定為「255.255.255.0」，這也就等於網路識別碼的位元數目。

子網路遮罩必須與 IP 位址配對使用，因為路由器會將子網路遮罩與 IP 位址的每個位元做 AND 運算，以判斷該 IP 位址是屬於哪一個子網路。例如在 B 級位址中，如果向主機識別碼借了三個位元來作子網路切割，則子網路遮罩必須設定為「255.255.224.0」。如果有個目的 IP 位址為「149.83.34.14」的封包資料送至路由器，則路由器會將它們一起進行 AND 運算，如下圖說明：

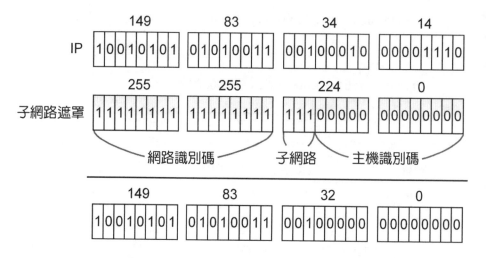

路由器經過運算後可以得知，149.83.34.14 是屬於子網路 149.83.32.0 中的 IP 位址，如果這個位址不在本身的子網路中，路由器就會根據本身的路由表將它轉送出去。

3-2-3　無等級化 IP 位址（CIDR）

B 級位址的浪費是造成 IP 位址急速用盡的原因之一，在前面小節範例中，用到了「Subnet」的技術將原來的類別 IP 位址分割成其它小塊的網路 IP 位址。雖然解決了網路效能的問題，可是被分配到有較多 IP 位址數量的類別時，如果還是沒有完全去使用到所有的 IP 位址，那麼還是有不少 IP 位址被浪費掉了。由於 C 級網路的 IP 位址相當充裕，於是有人想到了，既然網路可以切割，那相反地為何不將幾個 C 級位址加以合併，以更接近所需求的 IP 數量？

為了解決上述的問題，IETF（Internet Engineering Task Force，網際網路工程工作小組）提出了「CIDR」（Classless Inter-Domain Routing）標準，其中「Classless」稱釋為「無等級」，也就是無等級化 IP 位址的架構。「CIDR」是一種用來合併數個 C 級位址的規劃方式，合併後的網路又稱之為「超網路」（Supernet）。

子網路切割是向主機識別碼借位，而超網路合併（CIDR）則是「主機識別碼」必須向「網路識別碼」借位元，結合幾個連續的 C 級位址以成為一個超網路。如下圖所示：

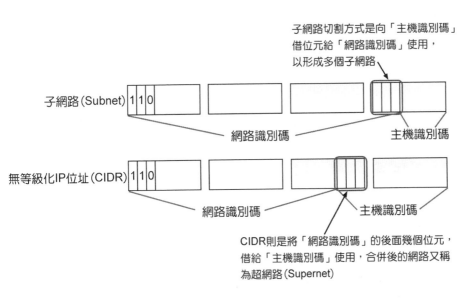

子網路切割方式是向「主機識別碼」借位元給「網路識別碼」使用，以形成多個子網路

子網路(Subnet) `1` `1` `0`

網路識別碼　　　　　　　主機識別碼

無等級化IP位址(CIDR) `1` `1` `0`

網路識別碼　　　　　　　主機識別碼

CIDR則是將「網路識別碼」的後面幾個位元，借給「主機識別碼」使用，合併後的網路又稱為超網路(Supernet)

　　例如在一家小規模的企業榮欽科技裡，對於 IP 位址的需求量不少之情況下，它不一定可以分配到有較多 IP 位址數量的類別（如 B 類別），它可能只能被分配到較少 IP 位址數量的類別（如 C 類別）。由於 C 類別所能分配到的 IP 位址數量最多也只有 254 個，對於榮欽科技這家小公司來說，它的 IP 位址需求量是 1500 個，那也是嚴重不足。以一個 C 級類別 IP 位址來說，根本就不能滿足榮欽科技對 IP 位址數量的需求。

　　以「CDIR」技術來說，雖然它還是會有多餘的 IP 位址，因為切割法必須要遵從著 2 冪方數的規則，例如 2、4、8... 個 C 級位址，而且所分配到的 C 級類別「網路識別碼」必須是連續，如此才能進行合併。因此也沒辦法剛好切割到各個用戶所要的需求量，不過至少還是能避免浪費太多 IP 位址的問題。

　　就如上述的範例，榮欽科技對於 IP 位址的需求量是 1500 個，勢必要分配到 2048（2^{11}）個（2048 是最接近 1500 的 2 冪方數），依照這樣的說法，用 C 類別（254 組 IP 位址）來說，可以分配 8 個 C 級類別（8X254=2032）給榮欽科技。

　　首先將 C 類別的「主機識別碼」定義成 11 個位元（Bits），其它的 32-11=21 位元則代表「網路識別碼」。換句話說，C 級類別的「網路識別碼」最後

3 個 Bits 借給「主機識別碼」使用,那麼「主機識別碼」就有 11 個 Bits,再將這種分割類型給榮欽科技使用,如下圖所示:

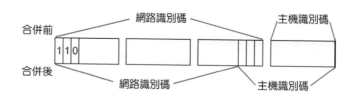

依照此種方式,可以將 8 個 C 類別位址合併成一個單一網路,那麼榮欽科技就可以一次分配到 2048 組的 IP 位址,這樣的方式相當符合榮欽科技對於 IP 位址的需求。

以這個例子來說,榮欽科技需要 1500 個 IP 位址,因此會需要用到八個連續的 C 級位址(254*8=2,032)來進行合併。假設這個企業被分配到的網路是 192.168.240.0 到 192.168.247.0 共八個連續的 C 級位址,我們使用二進位的表示法來表示這些網路,就可以得知為何需要使用這八個連續的 C 級位址。如下圖所示:

192	168	240~247	0~255
11000000	10101000	11110000	00000000~11111111
11000000	10101000	11110001	00000000~11111111
11000000	10101000	11110010	00000000~11111111
11000000	10101000	11110011	00000000~11111111
11000000	10101000	11110100	00000000~11111111
11000000	10101000	11110101	00000000~11111111
11000000	10101000	11110110	00000000~11111111
11000000	10101000	11110111	00000000~11111111

合併上面連續的 8 個 C 級位址後,接下來就可以得知合併後的子網路遮罩。C 級位址的子網路遮罩原本是 255.255.255.0,如果要用來合併這 8 個 C 級位址,就必須將子網路遮罩改為 255.255.248.0。在「CIDR」的技術裡,是以「主機識別碼」向「網路識別碼」借位元的,因此「子網罩」相對也被縮短了,而不是增長了。如下圖所示:

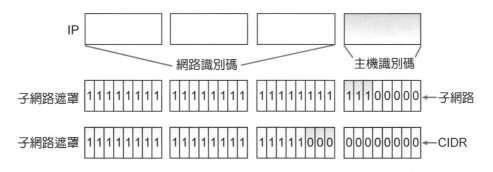

請注意！在進行子網路切割時，由於是把從主機識別碼借位部份的子網路遮罩位元由 0 改為 1；在合併網路時，卻相反地將幾個連續的位元由 1 改為 0。而合併後的這八個網路，可以用「192.168.240.0 /21」來表示，是代表連續的 192.168.240.0 到 192.168.247.0 網路，一共有 8 個 C 類別做出來的合併。

3-2-4 網路位址轉譯（NAT）

隨著數以億萬計的電腦設備加入網際網路，網際網路位址不足的問題將愈形嚴重，尤其在一般中小型企業體中，不見得會有專職的網管人員來維護及分配 IP 位址，大部分企業都從 ISP 所申請核發的 IP 位址通常也都不敷使用。因此目前中小企業中普遍應用「網路位址轉譯」（Network Address Translation，NAT）機制，來解決 IP 位址不足的問題。

NAT 可以讓私人網路上的電腦存取網際網路上的資源，而不直接和網際網路連線。簡單來說，有一台具有 NAT 功能的網路裝置，可以將私有 IP（Private IP）和公共 IP（Public IP）做轉換，對外傳輸時將封包表頭來源位址的私有 IP，也就是大家常見的 192.168.xxx.xxx 這個位址，替換成公共 IP 位址再傳送到網際網路。NAT 技術可讓任何網路上的電腦利用可重複使用的私人 IP 位址，連接至網際網路上具有全域唯一公用 IP 位址的電腦。事實上，使用 NAT 可以大幅減少 IP 位址的需求，因為基本上整個內部網路都可憑藉 NAT 上的一個公用 IP 來連接 Internet，這也可以暫時解決了 IPv4 位址消耗問題的方法。

前面我們曾經提過有些特殊的 IP 位址被特意的保留下來，通常稱為私有 IP 位址，這些 IP 位址的封包並不會經過路由器而連接到網際網路上，因此可以在企業內的區域網路中重複使用。這些私有 IP 的範圍如下表所示：

等級	私有 IP 位址範圍
A 級位址	10.0.0.0 ～ 10.255.255.255
B 級位址	172.16.0.0 ～ 172.31.255.255
C 級位址	192.168.0.0 ～ 192.168.255.255

　　透過 NAT 機制，我們可以讓區域網路中的多部電腦的私有 IP 轉換為一個公有的 IP 位址，然後再來進行資料交換。下圖中一個區域網路使用私有 IP 位址（例如 192.168.x.x 或 10.x.x.x）和與這個網路相連的一個路由器，這個路由器有支援 NAT。NAT 主機上有兩張網路卡，其中網路卡 1 使用的是私有 IP 與其它區域網路中的電腦連接，而網路卡 2 則附有公有的 IP，則可以透過路由器對外部的網際網路進行存取。我們利用下圖來為各位說明 NAT 的運作：

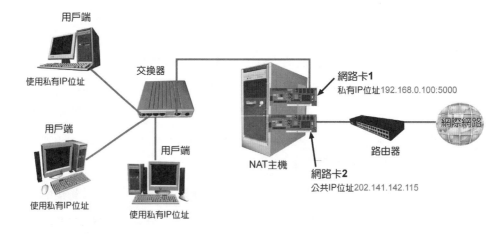

　　從上面的架構圖中可以看到當使用私有 IP 的用戶端需要對外（網際網路）傳送封包時，封包會先行送到具有 NAT 功能的主機上，也會在來源 IP 位址後面加入由用戶端程式所產生的連接埠號，通訊連接埠號為 5000，當資料傳送出去時，也必須指定由對方的哪一個應用程式來接收，這也是 NAT 機制能判斷要轉送到哪一臺主機的原因，這時電腦中的應用程式使用 TCP/IP 存取資料時，便會產生一個具有連接埠編號的資料封包「192.168.0.100:5000」。

　　因為對網際網路上的主機來說，只能看到公共 IP 位址（202.141.142.115），這時必須將封包上「來源位址」的私有 IP 轉換公共 IP 位址（202.141.142.115），如此才能夠透過路由器將此資料封包傳送到網際網路上。

當封包網際網路外部傳入時，NAT 主機接收此封包後，同樣會先行判斷其目的位址，然後將「目的位址」從公共 IP（202.141.142.115）轉換為該用戶端的私有 IP 後再進行傳送，並根據目的位址上的連接埠編號來找出對應的用戶端電腦。

3-3　IP 封包

IP 協定是屬於 DOD 模型中網路層運作的協定，對上可以承載來自傳輸層中不同協定的資料，例如 TCP、UDP 等等，而這些相關資料皆會記錄在 IP 封包中。一般來說，不同網路類型對每一個 IP 封包的大小限制都不相同。如果有數個區域網路彼此相互連結，要將資料從某個網路傳送至另一個網路，這份資料就要進行適當地「封裝」（Encapsulation）。封裝的內容中除了目的端的資訊外，還必須包括傳送過程中的路徑選擇。

3-3-1　封包傳送方法

資料封包在網路上進行傳送時，若以連線與否來區分，通常會有「連線導向式」（Connection-Oriented）及「非連線式」（Connectionless）兩種方式，我們說明如下：

連線導向方式

所謂的連線導向式，是指雙方在進行資料傳送前，必須先建立連線與進行溝通，例如 TCP（Transfer Control Protocol）協定就是如此。

非連線式傳送方式

非連線式的資料傳送方式是指發送端只管將資料發送出去，其它的事就不管了，例如 UDP（User Datagram Protocol）協定就是屬於這種方式。為什麼要用「非接通式」的傳輸方法呢？原因是要讓資料能以高速的通訊傳輸媒介下進行傳輸，排除不必要的判斷。IP 協定在進行資料傳送時，也是一種非連線式的

傳送方式，它只負責將必要的資訊進行封裝及送上網路。接下來資料的送達與否與它並無關係，而這個工作就要靠上層的協定來進行確認。

3-3-2 IP 封包的切割與重組

IP 封包傳送的目的是將發送端所產生的 IP 封包傳送到目的端電腦上，由於不同網路類型對每一個 IP 封包的大小限制都不相同，有的網路通道較大，而有的網路通道較小，資料在傳送的過程中，會經過不同「最大傳輸單位」（Maximum Transmission Unit，MTU）大小的網路，也就是它所允許的資料封包大小會有所差異，例如封包試圖從較小 MTU 的乙太網路要通過較大 MTU 的 ATM 網路情況下，是沒有問題的；反之，如果要從較大 MTU 的 ATM 網路要通過較小 MTU 的乙太網路之情況下，那不就沒辦法通過了嗎？

 TIP MTU 是 Maximum Transmission Unit 的縮寫，代表一個網路所能傳送最大的封包尺寸，大於這個尺寸的訊息資料會被切割成好幾個封包來傳遞。

因此要傳送的封包可能要進行適時的切割（Fragmentation）才能在各種網路中流通。而且當這些封包陸續抵達目的端後，也必須將它重組（Reassembly）還原成原來的封包內容。也就是把資料封包給切割成較小的單位，即可從較小 MTU 通過較大 MTU 了。而在這些較小的封包單位送達目的端時，目的端則會依照一定的規則將這些一小段、一小段的封包給組合起來，再送給上一層做處理。下表列出各類型網路的 MTU 值：

網路類型	MTU（單位：位元組）
乙太網路	1,500
4Mbps 符記環網路	4,464
16Mbps 符記環網路	17,914
FDDI	4,352
ATM	9,180
X.25	576
802.11	2272

3-3-3 IP 封包的架構

「IP 封包」是 IP 在傳送資料的基本單位，在瞭解到 IP 協定它的運作方式之後，必須要學習的是 IP 封包要如何做到封包傳送、分割、重組等方式。在 IP 的封包中它包含了「表頭」（Header）及「承載資料」（Payload）兩項。「表頭」的大小可以儲存 20 到 60 個位元組（Bytes）不等的單位，每一次都是以 4 的倍數遞增的，IP 表頭中記錄著 IP 封包傳送的相關資訊，例如版本、封包長度、存活時間（TTL）、目的端位址、路由資訊等等。IP 承載資料的內容主要是來自上層的封裝資料，至於在傳送過程中資料封包如何抵達目的地，主要則是靠 IP 表頭中所記錄的相關資訊。例如 TCP 或 UDP 的資料封包，最短長度為 8 個位元組，最長為 65,515 個位元組。

IP表頭	IP承載資料

IP 表頭中有許多分類位元及位元組，它們都有固定意義及功能，這裡將一一介紹，請看以下圖示：

Version 4位元	IHL 4位元	Type of Service 8位元		Total Length 16位元
Identification 16位元			Flags 3位元	Fragment Offset 13位元
Time to Live 8位元		Protocol 8位元	Header Checksum 16位元	
Source Address 32位元				
Destination Address 32位元				
Options 長度不定				
Padding 長度不定				

以下則是各個欄位的中文說明：

版本	標頭長度	服務類別	總長度	識別項	旗標	片段位移	存活時間	協定
4位元	4位元	8位元	16位元	16位元	3位元	13位元	8位元	8位元

加總檢查碼	來源位址	目的位址	選項填充
16位元	32位元	32位元	不固定

版本（Version）

「版本」在 IP 表頭中佔了四個位元（Bits），主要的目的是用來宣告 IP 封包格式的版本。此例使用的 IP 版本為第四版（IPv4），所以此欄位值為 4（0100），不過 IP 的版本已經到第六版了。

表頭長度（IHL）

「表頭長度」欄位也是以四個位元（Bits）來表示的，其目的是用來表示在「IP 封包」內的「IP 表頭」長度之大小。因為「IHL」的基本單位為 4 個位元組（Bytes），所以要計算「IHL」時，就必須將「IHL」欄位上的值乘以 4，例如 IHL 的欄位值為 1010，換算成十進位得到一個 10（0*A）值，而正確的 IHL 值是為 10*4=40，這就表示整個「IP 表頭」的長度是 40 個位元組（Bytes）。因為 IHL 是以 4 個位元表示的，而且它的最大值為 15（1111），所以可以知道「IHL」最大值 60Bytes（15*4=60）。

服務類型（Type Of Service，TOS）

「服務類型」欄位共佔 8 個位元（Bits），這 8 個位元又分成 6 個單位，分別為「優先權」（Precedence）佔 3 個位元、「延遲」（Delay）佔 1 個位元、「輸送量」（Throughout）佔 1 個位元、「可靠度」（Reliability）佔 1 個位元、「成本」（Cost）佔 1 個位元、最後 1 個位元做「保留」值（Reserved）。

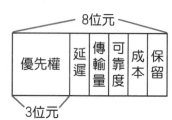

1. **優先權（Precedence）**：此欄位佔 3 個位元，用於設定 IP 封包的優先權，所設定的值越大，表示優先權越高。在當時「優先權」欄位的定義是因為美國國防部對於 IP 協定上的需求，但延用至今，「優先權」這個欄位都幾乎不採用了。在平時則以「0」（優先權最低一級，例行程序）來當作預設值。

2. **延遲（Delay）**：「延遲」欄位只占了 1 個位元（Bit），它能表示的也只有 0 與 1 而已，而在「延遲」欄位裡，0 代表一般延遲、1 代表最短的延遲。

3. **傳輸量（Throughput）**：「傳輸量」欄位只佔 1Bit（0 與 1），0 代表的是一般傳輸量、1 代表的是高速傳輸量。

4. **可靠度（Reliability）**：「可靠度」欄位佔 1Bit，其 0 表示一般可靠度、1 表示高度可靠度。當希望封包在傳送過程中儘量減少被丟棄或遺失時，「可靠度」欄位則設定為「1」。

5. **成本（Cost）**：「成本」欄位也只佔 1Bit，0 表示一般成本、1 表示較低成本。如果將「成本」欄位設定成 1 時，則 IP 封包會循著較低成本的路徑來做傳輸。

6. **保留（Reserved）**：此欄位佔一個位元組，保留未來使用。

⚙ 總長度（Total Length）

此一欄位佔了 2 個位元組（16 個位元），它是用來記錄「IP 封包」的總長度。在 IP 封包裡，「總長度」欄位就是「IP 表頭」與「承載資料」的總和。

⚙ 識別（Identification）

此欄位佔了 2 個位元組（16 個 Bits），主要的目的是用來辨識分散封包的順序。「識別」欄位是由發送端（來源裝置）所定義的，而順序是以遞增 1 的方式來進行的。等待封包送達目的端後，再根據這些識別欄位的順序加以重組。

⚙ 旗標（Flags）

又稱為「封包切割標示」，此欄位佔了 3 個位元（Bits），這 3 個位元分別都代表不同的功能，主要的目的是在判斷封包是否被切割、被切割的封包是否為最後一個。

⚙ 來源位址（Source Address）

來源位址欄共佔 4 個位元組（32Bits），此欄位是用來記錄來源裝置的 IP 位址。

⚙ 目的位址（Destination Address）

與來源位址欄位一樣，它一共佔了 4 個位元組（32Bits），此欄位是用來記錄目的裝置的 IP 位址。

⚙ 表頭加總檢查碼（Header Checksum）

「表頭加總檢查碼」欄位佔有 2 個位元組（16Bits），它只有針對「IP 表頭」做檢查而已，目的是確保表頭的完整性。

⚙ 協定（Protocol）

佔 1 個位元組（8Bits），「協定」欄位主要是在記載上一層（傳輸層）的通訊協定，例如 TCP、UDP、ICMP、IGMP 等資料。在上一層裡，兩端電腦裝置已經達成了一樣通訊協定，然而達成的通訊協定會以代碼的方式，包裝在網路層 IP 封包內的「協定」欄位上。下表列出幾個常見的設定值及其對應的通訊協定：

設定值	通訊協定
1	ICMP
2	IGMP
6	TCP
17	UDP
41	IPv6

⊘ 存活時間（Time to Live，TTL）

此欄位佔 1 位元組（8Bits），簡稱「TTL」，是設定 IP 封包在路由器過程中能存活的時間。在廣大的網際網路中，資料必須經過許多「路由器」的轉送才能到達目的端，由於 IP 是個非連接式的通訊協定，所以發送端並無法得知目的端的狀況，而在這些路由器的轉送過程中，不能確保資料封包不會一直在網際網路中迴盪，造成「無限循環」的情形發生。為了避免這一類情況發生，必須限制 IP 封包在網際網路存活的時間，如果它的預設 IP 封包「存活時間」為 128，而每經過一個路由器，就會將這值減去 1，如果封包的 TTL 值為 1，在抵達路由器時，TTL 值將被減為 0，此時路由器就會丟棄此封包。

⊘ 分段位移（Fragment Offset）

又可稱為「切割重組點」。「分段位移」欄位共佔了 13 個位元（Bits），在這裡所指的是封包的偏移量。當 IP 封包被切割之後，會產生許多的分段，而這些分段的位移量則會被記錄在「分段位移」欄位裡，簡單的說，就是記錄這些分段在原始資料中的分段開始位元。分段位移是以 8 位元組（Bytes）為單位的。

3-4 IP 路由

「路由」一詞來自於原文的「Route」，也有人譯之為「繞送」，它是 IP 封包用來決定傳送路徑的方法，為作用在主機或路由器上的一種協定。簡單來說，它是一個 IP 通訊設備讓資料可以轉送到任意一個 IP 通訊設備的一種程序，為了促進轉送（Forward）的程序，每一個 IP 路由與主機之間的傳送，都必須經由主機的 IP 路由表來執行轉送程序。

3-4-1 路由器的特性

IP 路由就是封包傳送的路徑選擇方式，是一個相當複雜的過程，封包傳送路徑的選擇是由路由器決定，所以網路效率的好壞，也就取決於路由器是否能

為封包選擇一個最有效率的傳送路徑。在廣大的網際網路中，封包是否能快速正確地抵達目的端，IP 路由的方式擁有決定性的影響。

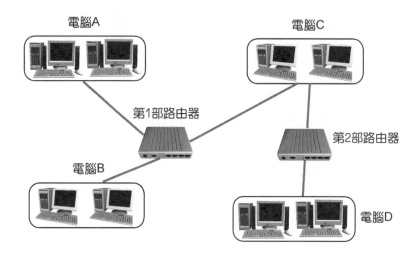

<IP 封包的路徑決定>

　　路由器主要用來連接各種不同的網路，並負責接收網路上的封包。路由器接收封包後會檢查封包的目的位址，依據其大小、緩急來選擇最佳的傳送路徑，以使封包能夠順利抵達目的端。一個路由器基本上也用來將網路區隔開來，路由器是連接網路的重要裝置，一個路由器扮演了轉送封包的重要角色，它可能連接兩個以上的網路，所以一個路由器必須具備有以下幾個基本功用：

■ 路由器必須有解讀 IP 封包的能力，也就是它必須可以運作於 DoD 模型的網路層以上。

■ 路由器通常具有兩個以上的網路介面，以便連接多個網路或其他路由器，這個網路介面通常指的是網路卡，並各分配有一個 IP 位址。

■ 路由器中具備有路由表，可以推算出最要路徑，讓 IP 封包使用最少的成本來抵達目的端。

3-4-2 IP 封包傳送方式

　　IP 轉換的程序與 IP 路由表被廣泛的使用在「點對點」（Point-to-point）、「廣播式」（Broadcast）與「非廣播式多路存取」（Non-broadcast multiple access）的 IP

網路連結類型上。首先來看 IP 轉換和 IP 路由表是如何被使用在這三種 IP 網路連結類型：

⚙ 單點式傳播（Unicast）

單點傳播就好像在一個充滿人群的房間中打算與某個特定的人進行對話時，屬於一對一的傳送模式。以實際情況來說，它僅能針對兩個節點上做 IP 封包的傳輸，就是要送出資料的電腦必須先對網路發出詢問。如果是使用 TCP/IP 協定的話，那就是先以 IP 位址來取得 MAC 實體位址，然後再根據這個實體位址來進行資料傳送。

⚙ 廣播式傳播（Broadcast）

在 IP 位址中，主機 ID（HostID）全部為 1（指二進位值全為 1，相當於十進位的 255）時就是用來當作廣播位址。當用此位址來作為發送訊息的目的位址時，區域網路上的所有電腦都會接收到此訊息，屬於一對多的傳送模式。例如當要詢問某個網路裝置的 MAC 位址時，就是採用廣播方式來進行詢問。

⚙ 多點傳播（非廣播式多路存取）

多點傳播方式可以同時將資料發送給指定的群組，雖然也是一對多的傳播模式，不過不像廣播方式會傳送給網路內的每一台電腦，除了使用上較有效率，同時也節省了連線建立時所花費的頻寬，通常是使用在視訊會議或即時廣播時。

此外，我們也可以從的發送端與目的端是否位於同一網路來區分為「直接傳送」（Direct Delivery）與「非直接傳送」（Indirect Delivery）兩種方式，說明如下：

⚙ 直接傳送

所謂的直接傳送，指的是發送端與目的端位於同一個實體網路之內，發送端只要知道對方的實體位址就可以將資料送達。在乙太網路中，通常是利用廣播的方式來得知目的端的 MAC 位址，再將資料傳送給指定位址上的裝置接收。

非直接傳送

非直接傳送指的是發送端與目的端並不位於同一個實體網路內,所以資料傳送時就必須通過路由器將資料傳送至網路外部。在資料尚未抵達目的端前,資料的傳輸過程都稱為非直接傳送。直到當最後一個路由器傳送至目的端位址時,這時才稱為直接傳送。

3-4-3 IP 封包與路由流程

IP 封包於網路中傳送時,從內部至外部,將會經過數個路由器的轉送,我們知道封包在決定路徑時所根據的就是儲存於路由器中的路由表(routing table),這個路由表可以是靜態且需手動更新的紀錄表,也可以是動態的且由程式自行維護更新的紀錄,路由表中記錄了路由器中不同的網路介面各連接了哪個網路,或可藉由哪個網路當作橋樑以抵達另一個網路,路由器必須從路由表中推算出 IP 封包的傳送路徑。

不同的路由器,有關連接方式與路由表的設定都不相同。路由表會隨著廠牌的不同,通常會具備有五個欄位,以下先針對這五個欄位內容進行瞭解:

網路位址(Network Destination)

此欄位用來設定目的網路位址或單一個目的主機位址,通常為了節省路由表所佔據的空間,並不會為個別主機設定專用的路由資訊。

網路遮罩(Netmask)

此欄位用來設定目的網路或目的主機的子網路遮罩,如果是代表單一主機,則網路遮罩為 255.255.255.255。

介面(Interface)

此欄位記錄路由器上的網路介面,也就是封包轉送出去時所要使用介面的 IP 位址。

閘道（Gateway）

如果封包的目的網路不在路由器的連接上，則此欄位記錄封包要轉送給哪一個路由器介面，因為一個網路可能具備兩台以上的路由器，所以必須加以指定；如果目的網路已經在路由器的連接上，則填上路由器與目的網路的介面位址。

成本（Metric）

用來表示封包傳送所需的成本，通常是指封包所要經過的路由器數量（Hop），如果有兩條以上的可用路徑，則挑選路徑成本較小的路徑。

為了說明路由表的內容，我們以下圖中的路由器與網路連結情況來說明：

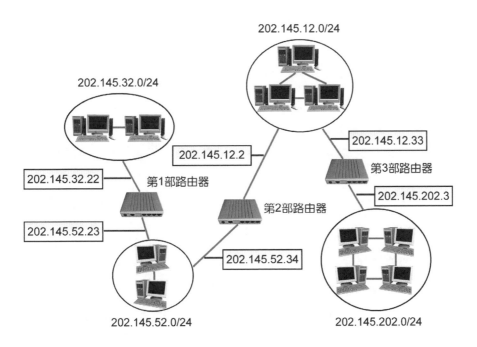

以 R1 路由器而言，它的路由表內容可能如下表所示：

第一部路由器的路由表內容：

Network Destination	Netmask	Interface	Gateway	Metric
202.145.32.0	255.255.255.0	202.145.32.22	202.145.32.22	1
202.145.52.0	255.255.255.0	202.145.52.23	202.145.52.23	1
202.145.12.0	255.255.255.0	202.145.52.23	202.145.52.34	2
202.145.202.0	255.255.255.0	202.145.52.23	202.145.12.33	3

在第一個路由表紀錄中，目的網路 202.145.32.0/24 所以子網路遮罩為 255.255.255.0，與第 1 部路由器的介面 202.145.32.22 連接，由於目的網路與路由器相連接，所以 Gateway 設定與 Interface 相同，而且因只經過一個路由器，所以 Metric 設定為 1；第二筆紀錄目的網路 202.145.52.0/24，所以子網路遮罩也為 255.255.255.0，與第 1 部路由器的介面 202.145.32.23 連接，由於目的網路與路由器相連接，所以 Gateway 設定也與 Interface 相同，而且只經過一個路由器，因此 Metric 設定為 1。

接下來看第三筆紀錄，目的網路 202.145.12.0/24 所以子網路遮罩為 255.255.255.0，不過因為目的網路 202.145.12.0 不在第 1 部路由器的連接上，所以必須先透過第 1 部路由器的介面 202.145.52.23 轉送出去，目的地為第 2 部路由器的介面 202.145.52.34，所以可以依此位址來設定 Gateway 欄位，因為必須通過了兩個路由器，所以 Metric 設定為 2。

第四筆紀錄的目的網路 202.145.202.0/24，所以子網路遮罩為 255.255.255.0，不過因為目的網路 202.145.202.0 不在第 1 部路由器的連接上，所以必須先透過第 1 部路由器的介面 202.145.52.23 轉送出去，目的地為第 3 部路由器的介面 202.145.12.33，所以可以依此位址來設定 Gateway 欄位，因為必須通過了三個路由器，所以 Metric 設定為 3。

沿用本範例，我們再來列出第二個路由器的路由表內容。同樣的網路遮罩都為 255.255.255.0，目的網路 202.145.32.0/24 與第 2 部路由器不連接，所以必須先透過第 2 部路由器的介面 202.145.52.34 轉送出去，目的地為第 1 部路由器

的介面 202.145.52.23，所以可以依此位址來設定 Gateway 欄位，因為必須通過了兩個路由器，所以 Metric 設定為 2。

目的網路 202.145.52.0/24 與第二部路由器的介面 202.145.52.34 連接，由於目的網路與第二部路由器相連接，所以 Gateway 設定與 Interface 相同，而且因只經過一個路由器，所以 Metric 設定為 1。第三筆紀錄，目的網路 202.145.12.0/24 與第二部路由器介面 202.145.12.2 相連接，所以 Gateway 設定與 Interface 相同，而且只經過一個路由器，因此 Metric 設定為 1。第四筆紀錄的目的網路 202.145.202.0/24，所以子網路遮罩為 255.255.255.0，不過因為目的網路 202.145.202.0 不在第 2 部路由器的連接上，所以必須先透過第 2 部路由器的介面 202.145.12.2 轉送出去，目的地為第 3 部路由器的介面 202.145.12.33，所以可以依此位址來設定 Gateway 欄位，因為必須通過了兩個路由器，所以 Metric 設定為 2。

底下為第二個路由器的路由表內容：

Network Destination	Netmask	Interface	Gateway	Metric
202.145.32.0	255.255.255.0	202.145.52.34	202.145.52.23	2
202.145.52.0	255.255.255.0	202.145.52.34	202.145.52.34	1
202.145.12.0	255.255.255.0	202.145.12.2	202.145.12.2	1
202.145.202.0	255.255.255.0	202.145.12.2	202.145.12.33	2

沿用本範例，我們再來列出第三個路由器的路由表內容：

Network Destination	Netmask	Interface	Gateway	Metric
202.145.32.0	255.255.255.0	202.145.12.33	202.145.52.23	3
202.145.52.0	255.255.255.0	202.145.12.33	202.145.12.2	2
202.145.12.0	255.255.255.0	202.145.12.33	202.145.12.33	1
202.145.202.0	255.255.255.0	202.145.202.3	202.145.202.3	1

3-4-4 路由表類型

路由器是根據路由表進行封包的轉送，路由依維護的方式與作用可以區分為「靜態路由」（Static routes）、「動態路由」（Dynamic routes）兩種：

🔧 靜態路由

靜態路由是由網路管理者手動建立的路由表檔案，網路管理者事先根據網路的實體連接狀況，逐筆地將路由資訊加入至路由表中，由於路由資訊已經建立，所以不用再浪費頻寬於路由資訊的交換，而路由器也不用再額外處理路由資訊的更新。在一個小型網路中，使用靜態路由是個很不錯的方式，但是如果網路規模增大，即使線路不出問題，光是建立路由表就夠累人的。例如網路的連接狀況有所變動，靜態路由表的內容就必須更新，或是某個線路突然斷線，路由表也不會主動更新路由表的內容。

🔧 動態路由

建立靜態路由的過程中，應該可以體會到靜態路由建立的麻煩，如果網路規模持續擴大，路由表的資訊將暴增且難以維護，如果是大型網路，通常採取動態路由的方式來維護路由表。所以當網路規模擴大至某個程度時，就需考慮使用動態動由設定。動態路由是使用程式與演算法來估算與動態維護路由表內容，所使用的方法就是與鄰近的路由器交換路由表的資訊，每個路由器會根據所得到的路由資訊進行判斷，以決定是否更新本身現有的路由表內容，這樣可以實際反映網路連結的狀況，不用手動建立路由表。

🔧 動態路由協定

如果路由器採用動態方式建立尋徑表，有關路由紀錄的建立、維護、路徑計算與最佳路徑選擇，則是透過「動態路由協定」（Dynamic Routing Protocol）的機制來完成。動態路由協定之所以可以計算出封包傳送的最佳路徑，主要是藉由協定本身的「演算法」（Algorithm）來計算。路由器的動態路郵由協定很多，依照功能、階層、負責的範圍而有所不同。以下是幾種常見的尋徑協定：

- **RIP（Routing Information Protocol）**：RIP 主要是用於小型網路，是一種開放式的協定，於西元 1988 年 6 月收納於 RFC 1058 文件中。所謂的「距離」，指的並不是路由器與網路間實際的連接線路長度，而是指傳輸封包時所要花費的「成本」，例如所經過的路由器數量等等。

- **IGRP（Interior Gateway Routing Protocol）**：於 1980 年代中期由 Cisco 發展的尋徑協定，同樣採用距離向量演算法。它是 Cisco 的專屬協定，主要用於中、大型的網路，並且解決了距離向量演算法上的一些問題。在 1990 年代時，還提出了後續版本 EIGRP（Enhanced IGRP）。

- **OSPF（Open Shortest Path First）**：OSPF 是使用於大型網路中的標準協定，也是一個開放式的標準協定，收納於 RFC 1247 文件中。與前兩個協定不同的是它所採用的並非距離向量演算法，而是採取「線路狀態」（Link State）的方式來反應網路的真實狀況。

3-5　查詢 IP 及路由的實用指令

最後將為各位補充介紹幾個 IP 位址、封包及路由資訊的查詢工具，借以更加了解本章所談的相關內容。這些實用的指令包括：ping、ipconfig、netstat、tracert…等，筆者將分述如下：

3-5-1　ping 指令

ping 指令用來檢查網路連線狀態與查看連線品質的實用指令，在 Windows 7/10 作業系統裡，必須先進入「命令提示字元」功能，接著輸入 ping 指令，可以偵側遠端特定的 IP 位址主機是否運作正常，如果網路連線沒問題，遠端電腦也運作正常，將會接收到完好的回應封包。如下圖所示：

```
命令提示字元                                                    _ □ X
Microsoft Windows [版本 6.0.6002]
Copyright (c) 2006 Microsoft Corporation.  All rights reserved.

C:\Users\Owner>ping www.google.com

Ping www.google.com [173.194.72.147] 具有 32 位元組的資料:
回覆自 173.194.72.147: 位元組=32 時間=30ms TTL=48
回覆自 173.194.72.147: 位元組=32 時間=30ms TTL=48
回覆自 173.194.72.147: 位元組=32 時間=30ms TTL=48
回覆自 173.194.72.147: 位元組=32 時間=30ms TTL=48

173.194.72.147 的 Ping 統計資料:
    封包: 已傳送 = 4, 已收到 = 4, 已遺失 = 0 (0% 遺失),
大約的來回時間 (毫秒):
    最小值 = 30ms, 最大值 = 30ms, 平均 = 30ms

C:\Users\Owner>
```

3-5-2 ipconfig

如果想要自己電腦的 IP 資訊或更新電腦的 IP 時，可以透過 ipconfig 指令，例如：輸入 ipconfig 指令，可以檢查您的 IP 位址、子網路遮罩、預設通訊閘之設定：

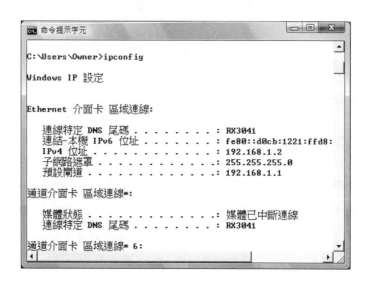

```
命令提示字元                                                    _ □ X
C:\Users\Owner>ipconfig

Windows IP 設定


Ethernet 介面卡 區域連線:

    連線特定 DNS 尾碼 . . . . . . . . : RX3041
    連結-本機 IPv6 位址 . . . . . . . : fe80::d0cb:1221:ffd8:
    IPv4 位址 . . . . . . . . . . . . : 192.168.1.2
    子網路遮罩 . . . . . . . . . . . .: 255.255.255.0
    預設閘道 . . . . . . . . . . . . .: 192.168.1.1

通道介面卡 區域連線*:

    媒體狀態 . . . . . . . . . . . . .: 媒體已中斷連線
    連線特定 DNS 尾碼 . . . . . . . . : RX3041

通道介面卡 區域連線* 6:
```

若需要察看詳細的網路設定參數，可以在原指令後加入參數 /all，請輸入 ipconfig/all 如下圖所示：

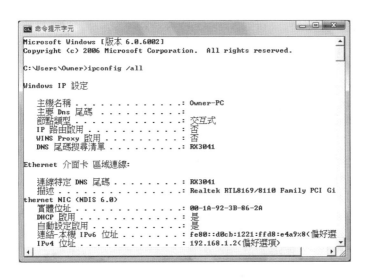

而 ipconfig/release 可用來釋放 IP；ipconfig/renew 可以用來更新自己的 IP
位址。

3-5-3 netstat

在 Windows 7/10 的環境下，如果懷疑網路連線變慢或是網路設備有當機的
可能時，建議使用 netstat 指令來檢測及排除網路連線是否異常的狀況。如果想
要查詢路由表資訊，則可以在指令後加上 -r 選項。

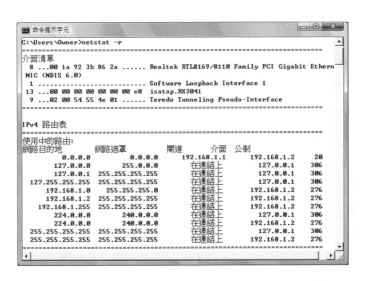

相關參數說明解釋，可鍵入 netstat? 來查詢。

```
命令提示字元

C:\Users\Owner>netstat ?
顯示通訊協定統計資料和目前的 TCP/IP 網路連線。

NETSTAT [-a] [-b] [-e] [-f] [-n] [-o] [-p proto] [-r] [-s] [-t] [interval]

  -a            顯示所有連線和聽候連接埠。
  -b            顯示涉及建立每個連線或聽候連接埠的
                執行檔。在某些情況下，已知執行檔可主控多個
                獨立元件，在這些情況下，便會顯示涉及建立連線
                或聽候連接埠的元件順序。如此，執行檔名稱位於
                底部的 [] 中，上方便是它呼叫的元件等，
                直到已達 TCP/IP。請注意，此選項
                相當耗時，而且如果您沒有足夠的權限，便會失敗。
  -e            顯示 Ethernet 統計資料。這可以跟 -s 選項合併使用。
  -f            顯示外部地址的完整格式的網域名稱 (FQDN)。
  -n            以數字格式顯示位址和連接埠號碼。
  -o            顯示與每個連線相關聯的擁有處理程序識別碼。
  -p proto      顯示由 proto 指定的通訊協定連線; proto
                可能是下列任一個: TCP、UDP、TCPv6 或 UDPv6。如果與 -s 選項
                搭配使用來顯示每個通訊協定的統計資料，proto 可能是下列任一個:
                IP、IPv6、ICMP、ICMPv6、TCP、TCPv6、UDP 或 UDPv6。
  -r            顯示路由表。
  -s            顯示每個通訊協定的統計資料。依預設，將會顯示
                IP、IPv6、ICMP、ICMPv6、TCP、TCPv6、UDP 和 UDPv6 的統計資料;
                -p 選項可以用來指定預設的子集。
  -t            顯示目前的連線卸載狀態。
  interval      重新顯示選取的統計資料，每次顯示之間的暫停
                間隔秒數。按 CTRL+C 鍵可以停止重新顯示
                統計資料。如果省略，netstat 將會列印一次目前的
                設定資訊。
```

3-5-4　tracert

tracert 可用來追蹤 IP 封包傳到目的地所經的路徑，通常被用來追蹤對方的
連線路徑。例如輸入下圖的指令，會得到如下的追蹤路徑：

```
命令提示字元

C:\Users\Owner>tracert www.ntu.edu.tw

在上限 30 個躍點上
追蹤 www.ntu.edu.tw [140.112.8.116] 的路由:

  1    <1 ms     1 ms    <1 ms  192.168.1.1
  2    79 ms    26 ms    24 ms  211-78-222-118.static.tfn.net.tw [211.78.222.118
]
  3    17 ms    17 ms    17 ms  10.100.22.17
  4    26 ms    20 ms    36 ms  60-199-7-141.static.tfn.net.tw [60.199.7.141]
  5    21 ms    21 ms    22 ms  60-199-3-1.static.tfn.net.tw [60.199.3.1]
  6    24 ms    22 ms    22 ms  60-199-16-98.static.tfn.net.tw [60.199.16.98]
  7    23 ms    23 ms    23 ms  211-78-221-26.static.tfn.net.tw [211.78.221.26]

  8    24 ms    23 ms    23 ms  140.112.0.69
  9    24 ms    24 ms    24 ms  140.112.0.193
 10    25 ms    25 ms    25 ms  140.112.0.185
 11    53 ms    25 ms    27 ms  140.112.0.209
 12    39 ms    44 ms    24 ms  www.ntu.edu.tw [140.112.8.116]

追蹤完成。

C:\Users\Owner>
```

本｜章｜習｜題

1. 「網路層」與「連結層」最大不同的地方是什麼？

2. 「IP 位址」是什麼？試說明之。

3. 試說明定址的意義。

4. 請介紹 IP 位址的結構。

5. IP 的這四個位元組可以分成哪兩部份？

6. 202.145.52.115 與 140.112.18.32 是屬於哪個網路？

7. 請問 Class D 與 Class E 是做為何用？

8. 請簡述 Class A 級的位址內容。

9. 請簡述 Class C 級的位址內容。

10. 什麼是迴路位址？

11. 某公司申請了一個 C 級位址 202.145.52.0，因為部門業務上的需求，必須將該網
    路切割為五個子網路，請問該如何分割？每個子網路的位址範圍為何？

12. 請簡述子網路遮罩的表示法與功用。

13. 如果未進行子網路切割，則 B 級的子網路遮罩應設定為？

14. 假設某榮欽科技申請了一個 B 級位址，而在它的規劃必須要有 200 個子網路，
    每個網路中至少 200 台電腦，請問子網路遮罩為何？

15. 試簡述 CIDR（Classless Inter-Domain Routing）。

16. 假如某企業需要 2,000 個 IP 位址，假設這個企業被分配到的網路是 202.145.48.0 ～
    202.145.55.0 共八個連續的 C 級位址，請問合併後的子網路遮罩是多少？

17. 何謂非連線式傳送方式？有何好處？

18. 試說明 MTU 的意義。

19. 請詳述 IP 封包的內容。

20. IP 封包中識別（Identification）欄位的功用為何？

04

Chapter

徹底解析 IPv6 與未來發展

　　網際網路後來會如此的蓬勃發展是當初始料未及的，面對現在與未來，或許我們可以這樣形容：「Internet」不是萬能，但在現代生活中，少了 Internet，那可就萬萬不能！」時至今日，無論家用與商用電腦甚至於一般 3C 設備都使用網際網路的情況來看，網際網路節點位址明顯不夠，不但 IP 位址目前面臨不足的危機，而 IP 協定本身缺乏加密認證的機制，使得未來網路的發展也受到了些限制。

　　目前所使用的 IP 協定是第四版，從 1970 年代發表以來，已經是個很成熟的技術，IPv4 採用 32 個位元來表示所有的 IP 位址，所以最多只能有 42 億個 IP 位址，其中有些還保留作其它用途，或是因不適當的分配而浪費掉，所以舊有的 IPv4 面臨了 IP 位址不足的困境。其實無論政府或民間也早已體認到 IP 不足的現實問題，因此根本的解決之道，就是發展全新的 IP 位址架構，以容納未來對 IP 位址更大的需求。為了要克服這些問題，新的 IP 通訊協定第六版 IPv6（又稱 IPng，IP Next Generation）被網際網路工程任務小組（Internet Engineering Task Force，IETF）提了出來。

4-1　IPv6 簡介

　　IPv6 是第六版網際網路協定（Internet Protocol version 6），是網際網路協定的最新版本，IPv6 誕生是為了解決目前第四版（IPv4）的位址即將耗盡問題。IPv6 則使用了 128Bits 來表示 IP 位址，也就是 2^{128} 個 IP 位址，相當於目前 IPv4 位址的 2^{96} 倍，這是個近乎無法想像的天文數字。

　　由於從 IPv4 轉移到 IPv6 並非一蹴可幾，必須建立許多相關的轉移機制與軟體設施，因此各國多半早已投入相關轉移機制。國際上推展 IPv6 最積極的國家有韓國、日本及歐洲等國家，其中日本早在西元 2001 年時，已經有三家 ISP 提供 IPv6 的商業應用。

4-1-1　IPv6 的優點

　　我國政府早自 2002 年開始即推動屬於下一代網路技術的 IPv6，並於 2003 年啟動「我國 IPv6 建置發展計畫」；之後於 2009 年推動「新一代網際網路協

定互通與認證計畫」。行政院國家資訊通信發展（NICI）推動小組於 2011 年 12 月開會通過「網際網路通訊協定升級推動方案」，正式宣示「2011 年啟動網路升級」。自 2012 年起 6 年內投入 22 億元，引導資通產業掌握以 IPv6 為基礎發展先機。在 IPv6 發展的過程中，目前台灣 IPv6 的使用者連網比例已近 48%，涉及的產業包括網路資通訊設備、軟體系統研發、資訊服務產業等，特別是在 5G 時代中，涵蓋智慧工廠、智慧醫療、智慧農業以及智慧交通都需要的遠端控管，IPv6 的需求速度顯然又將加快，對台灣來說將是一個絕佳的機會，也是台灣下一波重要的產業發展契機。詳細情況可參考 IPv6 Forum Taiwan 網站：http://www.ipv6.org.tw/。

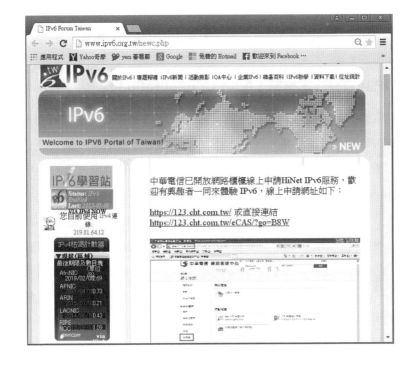

TIP 5G（Fifth-Generation）指的是行動電話系統第五代，由於大眾對行動數據的需求年年倍增，因此就會需要第五代行動網路技術，5G 未來將可實現 10Gbps 以上的傳輸速率。這樣的傳輸速度下可以在短短 6 秒中，下載 15GB 完整長度的高畫質電影，簡單來說，在 5G 時代，數位化通訊能力大幅提升，並具有「高速度」「低遲延」「多連結」的三大特性。

如果要以一個實際的比喻來表達這個 IPv6 所能提供的數字，相當於地球上每平方公尺有一千四百多個 IP 位址，定址空間高達 2 的 128 次方（32 bits 擴充為 128 bits），預估地球上的每個人可分到一百萬個 IP 位址，除了解決 IP 位址不足的問題之外，未來電腦、手機、平板、及所有穿戴裝置都將可擁有一個 IP 位址，可以透過網路取得更新資訊或進行遠端遙控等。具體而言，IPv6 還具備有以下的優點：

⚙ 提升路由效率

IPv6 封包表頭（Header）經過改良後，使得其表頭大小固定且欄位數目相對減少，因此路由器可節省封包檢查與切割的動作，相對提升了路由（Routing）的效率，也使得交換的路由資訊可以經由彙整變得非常精簡。

⚙ 行動 IP 與自動設定機制（Auto Configuration）

早期電腦都是以區域網域為管理單位，一旦電腦移動到其他網域，代表 IP 及相關網路參數必須需要重新設定，而這些設定必須由網管人員來進行，表面上是增加了安全性，但也同時失去了便利性。IPv6 通訊協定支援自動組態設定（Auto-configuration），IPv6 主機接上網路後可自動取得位址。透過 IPv6 的設計，網路上的電腦裝置可以非常方便的自動取得 IP，這種「隨插即用」（Plug and Play）的特色可以減輕網路管理者及使用者設定及管理 IP 位址的負擔。另外，IPv6 也在設計上加入支援行動 IP（Mobile IP）的機制，藉由網路芳鄰找尋（Neighbor Discovery）與自動組態設定來簡化使用者 IP 位址的設定，解決以往跨網段漫遊所發生的連線效能問題。

⚙ 更好的安全與保密性

IPv4 在設計之初，認為安全性是由應用層處理，因而未考慮安全性問題，資料在網路上並未使用安全機制傳送，造成企業或機構網路遭到攻擊、機密資料被竊取等網路安全事件層出不窮，因此現今的電腦機房都配置了大量高規格的網路安全設備，以監控並防堵資訊安全問題。由於安全性成為任何一種網路

技術都必須面對的問題，IPv6 整合了 IPSec 安全通訊協定（IP Security，IPSec）利用上層協定類型（Next Header）中的認證表頭（Authentication Header，AH）及安全負載封裝（Encrypted Security Payload，ESP）表頭，透過封包延伸表頭可設定加密或認證簽署，提供了資料安全性的功能，未來使用者將不需透過額外的設備或軟體就可以達到網路安全的功效。

解決 IP 不足與擴充性

IPv6 定址方式最多可提供 3.4E+38 個 IP 位址，能夠根本解決目前 IP 位址不足的問題，並且可以使 IP 位址延伸到行動通訊系統或智慧家電上的領域，IPv6 的設計允許未來新功能的擴充，例如在表頭上增加了「流量等級」（Traffic Class）與「流量標示」（Flow Label）等欄位，同時也提供更好的網路層服務品質（Quality of Service，縮寫 QoS）機制。

減少廣播流量

IPv4 必須透過網路介面卡的 MAC 位址位址解析通訊協定（Address Resolution Protocol，ARP）進行廣播，增加網路流量且沒有效率；IPv6 則是使用網路芳鄰找尋（Neighbor Discovery），可以透過 ICMP 第六版 ICMPv6 來進行更有效率的多點傳送與單點廣播訊息。

基本上，IPv6 的出現不僅解除 IPv4 位址數量之缺點，更加入許多 IPv4 不易達成之技術，兩者的差異可以整理如下表：

特性	IPv4	IPv6
發展時間	1981 年	1999 年
位址數量	2^{32}=4.3×10^9	2^{128}=3.4×10^{38}
行動能力	不易支援跨網段；需手動配置或需設置系統來協助	具備跨網段之設定；支援自動組態，位址自動配置並可隨插隨用
網路服務品質	QoS 支援度低	表頭設計支援 QoS 機制
網路安全	安全性需另外設定	內建加密機制

4-1-2　IPv6 位址表示法

　　IPv6 將 128 位元拆成 8 段 16 位元，每段以 16 進位數字（就是 0 ～ F）做計算，每段以冒號（：）隔開。IPv6 的表示方法整理如下：

■ 以 128 Bits 來表示每個 IP 位址

■ 每 16 Bits 為一組，共分為 8 組數字

■ 書寫時每組數字以 16 進位的方法表示

■ 書寫時各組數字之間以冒號「：」隔開

　　例如：

0111101100101101 0100001101011001 …… 0110001100000000

⬇

7B2D : 4359 : BA98 : 3120 : ADBF : 2455 : 2341 : 6300

<IPv6 的 IP 位址表示法>

　　因此 IPv6 的位址表示範例如下：

2001 : 5E0D : 309A : FFC6 : 24A0 : 0000 : 0ACD : 729D

3FFE : 0501 : FFFF : 0100 : 0205 : 5DFF : FE12 : 36FB

21DA : 00D3 : 0000 : 2F3B : 02AA : 00FF : FE28 : 9C5A

　　相對於 IPv4 表示法（192.168.XXX.XXX）複雜許多，為方便而制訂的簡寫規則如下：

■ 每段若全為 0，即可簡寫為 0，例如：0000 簡化為 0

■ 每段若開頭為 0，即可省略，例如：000D 簡化為 D

■ 若連續好幾段皆為 0000，則省略為雙冒號 ::，但此簡寫方式只能出現一次

例如：

> AFDC : 0000 : 0001 : 008C : 0000 : 0000 : 0000 : 053D

簡化為：

> AFDC : 0 : 0001 : 008C : : 0000 : 053D

在 IPv6 位址 128 個位元的前面 N 個位元稱為類型首碼（Type Prefix），用來定義 IPv6 位址的類型，至於類型首碼佔用多少位元則視 IPv6 位址的類型而定，我們可以在 IPv6 位址後面以斜線方式加上類型首碼長度的位元數，也可以和之前所介紹的 IPv6 縮寫方式也可以一併使用，例如底下的 IPv6 位址的類型首碼長度為 5 位元：

> CD12 : BA88 : : 1212/5

而這種 IPv6 位址表示格式則稱為首碼表示法：「IPv6 位址 / 首碼長度」，即在 IPv6 位址後面以斜線方式加上類型首碼長度的位元數。

4-2 IPv6 位址的分類

在之前的章節中，我們可以得知由於 IPv4 的 IP 位址採取 A、B、C 的類別階層來區分 IP 位址，結果反而造成了相當多的 IP 位址浪費，而不得不採取位元借位的方式來改善 IP 位址不足的發生。不過在 IPv6 中則改進了這項問題，RFC 2373 中定義了 IP 定址的方法，在 IPv6 中定義了三種位址：單點直播（Unicast）、多點群播（Multicast）、以及任一播（Anycast）；特別注意的是，因為資安問題考量，IPv6 不再使用 IPv4 的廣播（Broadcast）方式來通訊，而是使用多點群播或者任一播的方式取代廣播，以下我們畫出四種傳播方式的示意圖：

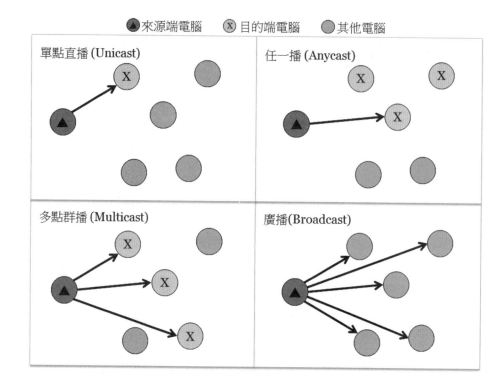

　　●來源端電腦　　Ⓧ目的端電腦　　○其他電腦

4-2-1　單點直播（Unicast）位址

　　單點直播位址標示一個網路介面，一個單點位址也只定義一台主機的位址，IPv6 的單點直播比照 IPv4 的單點直播傳送模式，用在單一節點對單一節點的資料傳送。可再區分成以下型態：

●全域單播（Global Unicast）位址

　　由 IANA 統一分配，是用來連上 Internet 的位址，最前面的 3 個 bits 固定是001 不變，子網路位址（Subnet ID）為 16 位元，介面位址（Interface ID）為 64位元，如同 IPv4 的主機位址（Host Address），在全世界具有唯一性，位址是 2或 3 開頭，其它節點不會有相同的位址。

001(prefix)	Subnet ID(16bits)	Interface ID(64bit)

連結區域單點位址（Link-Local）

使用於一個不對外連結的區域網路，格式前置碼為 10 位元的 1111111010，所以是以 FE80 開頭，中間至 54 個位元全部為 0，剩下的 64 位元用作介面位址（Interface ID），相當於 Ipv4 的主機位址。Link-Local 位址僅在一個特定的網路區段使用（同一個子網路中），不可被繞送到其他連結或網際網路上，功用如同 IPv4 的 APIPA 位址（169.254.X.X），可用「FE80::/10」泛指這部份的位址。如下圖所示：

1111111010	0(54bits)	Interface ID(64bit)

站台區域單點（Site-Local）位址

相當於 IPv4 協定的私有網路，數個網路相互連結，但不與 Internet 連結，格式前十位元為 1111111011，接下來 38 位元全部為 0，接著 16 位元為子網路位址，64 位元為介面位址，所以位址是以 FEC0 開頭，可用「FEC0::/10」泛指這部份的位址如下圖所示：

1111111011	0(38 bits)	Subnet(16bits)	Interface ID(64bit)

內含 IPv4 的 IPv6 位址（IPv4-Compatible）

為了顧及現有的 IPv4 架構，新的 IPv6 定址中定義了內含 IPv4 位址的 IP 位址，沒有前置碼與介面位址，尾端用來填入 32 位元的 IPv4 位址，其它前面的 96 位元全部為 0，例如 192.168.0.219，在 IPv6 的定址中轉換方式，如下圖所示：

192	168	0	219	十進位表示法
11000000	10101000	00000000	11011011	二進位表示法
C0A8		00DB		轉換
0000：0000：0000：0000：0000：0000：C0A8：00DB				IPv6 十六進位表示法
0：：C0A8：00DB				IPv6 縮寫表示法

當兩台使用 IPv6 的電腦要進行資料傳送，但是中間可能經過數個使用 IPv4 的網路，就會採取以上的定址方式。

🔘 保留位址

在 IPv6 中定義了兩個保留的位址，第一個是 0:0:0:0:0:0:0:0 ，這是一個未指明的位址（Unspecified address），不能指定給任何主機當作來源位址來使用，也不能當作目的位址來使用；另一個保留的位址是 0:0:0:0:0:0:0:1，這是一個 loopback 位址，相當於 IPv4 中的 127.0.0.1。

4-2-2 多點傳播位址（Multicast）

一個多點傳播位址定義出一群主機，可以是同一個網路或是不同的網路，多點傳播會標識一組接收位址，指定為多點傳播的封包會傳送到多點傳播指定接收的所有位址。Multicast 前 8 bits 為首碼，內容為「11111111」，最後 112 bits 為「群組位址」（group ID），通常以 FF 開頭之位址即是。

11111111	Flag(4bits)	Scope ID(4bits)	群組位址 (112 bits)

4-2-3 任意點傳播位址

任意點傳播位址（Anycast）是 IPv6 新增的資料傳送方式，可說是 IPv4 的單點直播與多點群播的綜合。任意點位址只能當作目的位址使用，而且只能使用於路由器，一個任意點位址定義出一群主機，其位址有相同的格式前置碼，一個任意點位址的封包可以在任意兩台主機之間進行傳送，並會根據路由表之判斷，傳送給距離最近或傳送成本最低的接收位址。這種方式的前置碼長度不固定，但前置碼以外都是 0，可以指派給多個網路卡，不過每個網路卡傳送 Anycast 時，只傳給距離最近的一個節點。任意點傳播位址的首碼位址長度不固定，且首碼之外的位元為 0。

Prefix(N bits)	0(128-N)bits

4-3　IPv6 封包結構

　　沿襲了 IPv4 封包，IPv6 封包也是由表頭（Header）和承載資料（Payload）所組成。封包表頭記錄版本、位址、優先權、路由和資料長度資訊，長度固定為 40 位元組（Byte）；承載資料則負責載送上層協定（TCP 或 UDP）的封包，最長可達 65535 個位元組。

　　IPv6 在表頭上有了特別的設計，以往 IPv4 表頭包括所有選項，因此在傳送過程中，路由器必須不斷檢查表頭中的所有選項是否存在，若存在則進行處理。這樣重複檢查就降低了 IPv4 封包傳送的效能。而 IPv6 表頭設計，傳輸和轉寄等選項皆定義在擴充標頭（Extension header）中，改善了封包傳送的表頭處理速度。

Header	Extension Header	Payload

　　我們先來看看基本表頭的部份，在封包傳送的過程中，表頭決定了路由所需的相關設定；相較於 IPv4 表頭，IPv6 表頭簡化或取消以下幾個在 IPv4 的 Header Length、Service Type、Identification、Flags、Fragment Offset、Header Checksum 欄位，IPv6 表頭結構如下：

IP Version Number (4 Bits)	Traffic Class (8 Bits)	Flow Label (20 Bits)
Payload Length (16 Bits)	Next Header (8 Bits)	Hop Limit (8 Bits)
Source Address (128 Bits)		
Destination Address (128 Bits)		

中文圖示說明如下：

版本	載運類別	流量標籤
承載資料長度	下一個表頭	跳越點限制
來源位址		
目的位址		

- **版本（Version）**：長度為 4Bits，定義 IP 協定版本，對 IPv6 而言此欄位值為 6。

- **載運類別（Traffic Class）**：資料流優先權，長度 8 位元；表示封包的類別或優先權，如同 IPv4 的 TOS（服務類型）的功能。

- **流量標籤（Flow Label）**：長度 20 位元；用來識別資料封包是否屬於同一個資料流，並讓路由器辨識該以什麼方式傳遞封包。

- **承載資料長度（Payload Length）**：承載資料的長度，長度 16 位元。數值為無號整數，紀錄 Payload 資料段位元組數量（不含主表頭所佔的 40bytes）。

- **下一個表頭（Next Header）**：上層協定類型宣告，長度 8 位元，定義 IP 封包接下來的表頭，可能是上一層通訊協定表頭或延伸表頭。常見的是 TCP（代碼 6）或 UDP（代碼 17），此欄位使用跟 IPV4 標頭中的 Protocol 欄位相同的代碼相同。

- **跳躍點限制（Hop Limit）**：長度為 8Bits，設定封包存活時間（所經過的路由器），相當於 IPv4 中的 TTL 欄位，以避免封包永遠存活，封包每經過一台路由器，數字就減 1，一旦減到了 0，路由器便不再傳送該封包。

- **來源位址（Source Address）**：長度為 128Bits，記錄封包來源位址。

- **目的位址（Destination Address）**：長度為 128Bits，記錄封包目的位址。需要注意的是，只有封包型態為單點直播（Unicast）時才能作為來源位址，多點群播（Multicast）與任一播（Anycast）則不適用。

綜合以上幾點，我們將 IPv6 與 IPv4 拿來做個比較，可以得知有三個欄位重新命名，但意義相同：

■ **長度（Length）**：以承載資料長度（Payload Length）取代。

■ **協定種類（Protocol Type）**：重新命名成「下一個表頭」（Next Header）。

■ **存活時間（Time to live）**：以跳躍點限制（Hop limit）取代。

IPv6 取消了以下幾個欄位的使用：

■ IP 表頭長度（Header Length）

■ 服務型式（Service Type）

■ 識別（Identification）

■ 旗標（Flags）

■ 區段移補（Fragment offset）

■ 表頭加總檢查碼（Header Checksum）

此外，IPv6 增加了兩個欄位，以支援資料流量控制要求：

■ 優先權（Priority）

■ 流量標籤（Flow Label）

4-4 自動設定（Auto Configuration）功能

針對本章節先前提到有關 Ipv6 的自動配置（Auto Configuration）再做說明；自動設定機制可以簡化主機 IP 位址的設定，包括了全狀態自動配置（Stateful）及無狀態自動配置（Stateless）兩種。

4-4-1 全狀態自動配置

IPv6 延續了 IPv4，利用 DHCP 技術來達到電腦的 IP 與相關組態設定之全狀態自動配置（Stateful Auto Configuration），也就是由 DHCP 伺服器進行位址核

發，DHCP v6 伺服器會自動指派 128 位元的 IP 及相關組態給每一部電腦，此種自動化配置服務稱為全狀態自動配置。

4-4-2 無狀態自動配置

「無狀態自動配置機制」（Stateless Address Auto Configuration，SLAAC）是 IPv6 通訊協定才有的功能，不需利用 DHCP 伺服器，只要把裝置接上網路，網段的路由器就會自動配發 IP 給這部裝置，立即就可上網。以下將說明無狀態自動配置機制（SLAAC）取得 IPv6 位址之流程如下：

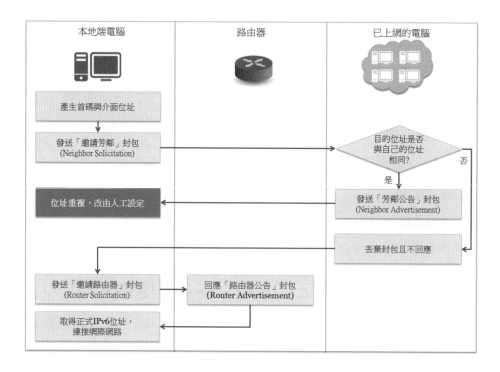

一、產生首碼與介面位址

本地端電腦會先產生首碼與介面位址作為 IPv6 位址，首碼是以 FE80 開頭的 Link-Local IPv6 位址，此為自動配置過程中暫時使用的首碼。到了後續步驟，電腦會從路由器或得正式首碼並取代 FE80。另外，介面位址 EUI-64（Extended Unique Identifier）是 IEEE 制訂的新 MAC 位址格式，在自動配置的過程中，會

根據 48 位元的 MAC 位址產生 EUI-64 位址（將主機採用的 48 bits MAC 位址中間加入 0xFFFE 成為 64 bits），再將 EUI-64 位址轉換為 IPv6 的介面位址。完成後，代表本地端電腦已擁有暫時 IPv6 位址。

二、確認網路上是否有重複的位址

本地端電腦隨即發送出邀請芳鄰（Neighbor Solicitation）封包，透過路由器給已經上網的電腦，在 IPv6 環境下收到邀請芳鄰（Neighbor Solicitation）封包的電腦，根據該封包的目的位址可得知自己是否為被邀請的對象。若是則回應芳鄰公告（Neighbor Advertisement）封包給對方；若自己不是被邀請的對象則丟棄該封包。這種偵測 IPv6 位址是否被重複使用的動作稱為 DAD（Duplicate Address Detection，偵測重複位址）。

三、請求正式位址

本地端電腦發送邀請路由器（Router Solicitation）封包給同網段的路由器，路由器收到後回應路由器公告（Router Advertisement）封包，在路由器公告封包裡即包含首碼和預設閘道（Default Gateway）資訊；其中首碼用來取代原本暫時的 FE80，便產生了正式的 IPv6 位址，用來連接網際網路。

4-5　IPv4 轉換為 IPv6

IPv6 雖擁有多項優勢，但目前 IPv4 若要轉換至 IPv6 網路環境，則因彼此間封包設計的差異性，須導入移轉機制以進行互通作業，目前主流的轉換技術有雙堆疊（Dual Stack）、通道（Tunneling）、轉換（Translation）等，以確保轉移過程能持續提供 IPv4 與 IPv6 間之網路互通服務，降低移轉期間對網路環境運作之衝擊。IPv4 和 IPv6 的轉換並非一蹴可及，就如同之前電腦 32 位元和 64 位元轉換的陣痛期一樣，也可能因為某些因素，目前 IPv4 的設備並無法完全汰換掉，就必須和 IPv6 之間相互轉換，以達到 IPv4 和 IPv6 的相容。

4-5-1 雙堆疊（Dual Stack）

是在同一網域內同時具備 IPv4 及 IPv6 通訊協定，讓原本使用 IPv4 位址的電腦直接使用 IPv6 位址；只要電腦或是網路上的路由器同時支援 IPv4 和 IPv6 即可，每個裝置會同時擁有 IPv4 和 IPv6 位址，兩種網路同時並存卻又不相互干擾。但也因為如此，路由器必須同時處理 IPv4 及 IPv6 封包，效能也就下降了。

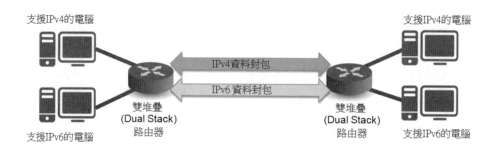

4-5-2 通道（Tunneling）

此作法是把 IPv6 的封包再加上一層 IPv4 的表頭即可，也就是可以將 IPv6 的封包裝在 IPv4 的表頭（Header）內，使這些封包能夠經由 IPv4 的路由架構傳送。讓兩端的電腦能以 IPv6 協定互通；適用於兩端支援 IPv6，中間網路節點只支援 IPv4 的情況。在純 IPv4 環境下使用者，便需透過此法與某個提供此服務的伺服器建立 IPv6 通道，之後便可連上 IPv6 網路。我們可以在 IPv4 表頭的網路協定部分，寫入 41 這個數值，只要路由器看到網路協定欄位為 41，就知道這個 IPv4 封包裡裝著 IPv6 的東西，才把 IPv4 表頭拆掉，這就好像通過遂道的方式，不過在封裝和解封裝的步驟進行時，會對網路裝置增加額外的運算負擔。

4-5-3 轉換（Translation）

由於 IPv6 的封包格式與 IPv4 不同，因此為了使 IPv6 可以繼續使用 IPv4 網路的各種服務，IPv4 與 IPv6 的封包必須互相轉換才能達成。這種作法稱為 NAT-PT，與 IPv4 的網路位址轉換（NAT）機制類似，將公有 IP 和私有 IP 做轉換，以便內部網路和網際網路的電腦能夠互通有無；不同的是，NAT-PT 是將 IPv4 及 IPv6 的表頭相互轉換，不過在 NAT-PT 的轉移時，須明確告知設備是由 IPv4 轉換 IPv6 亦或 IPv6 轉換為 IPv4。前述的雙堆疊與通道方式，都僅能使 IPv6 封包被正確傳送，但使用這兩種協定的電腦還是無法互相通訊；唯有經過 NAT-PT 轉換後，使用 IPv4 的電腦才能夠和使用 IPv6 的電腦互相通訊。

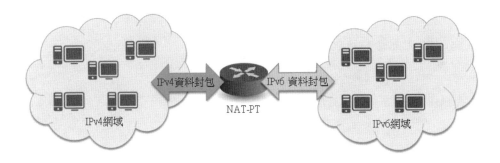

本│章│習│題

1. 為何 IPv6 有更好的安全與保密性？

2. IPv6 具備有哪些優點？

3. 請簡述 IPv6 的位址表示法，並舉例説明。

4. IPv6 中定義了哪三種位址？

5. 何謂全域單播（Global Unicast）位址？

6. 在 IPv6 中定義了哪兩個保留的位址？

7. 何謂多點傳播位址（multicast）？

8. IPv6 在表頭設計上有何特別？試簡述之。

9. IPv6 的自動配置（Auto Configuration）有哪兩種？

10. 無狀態自動配置機制（SLAAC）的好處為何？

11. 試簡述雙堆疊（Dual Stack）技術的原理。

05

Chapter

細說 ARP 與 ICMP 協定

IP 協定是網路層最重要的協定，當資料封包在網路「傳送的過程」中可能會發生一些問題，例如網路壅塞、路由器找不到合適的傳送路徑、IP 封包無法順利傳出等，要維持 IP 通訊協定在網路傳送時的順暢，這時就必須依賴一些如 ARP、ICMP 等輔助協定。

我們知道一個主機都必須有一個 IP 位址，而每個網路位置必須有一個專屬於它的 MAC 位址。如果是網路卡的話，就是燒錄在網路卡上的 ROM 或 EEPROM 的網路卡卡號，人的姓名偶有重覆，但是 MAC 位址基本上不會相同，因為製作廠商必須向 IEEE 進行申請，以確保 MAC 位址的「全球唯一性」（Global Uniqueness）。

> MAC 位址（MAC address）則是網路卡所使用的 6 個位元組（48 位元）之硬體位址，其中包括了製造商號碼與網路卡的編號。網路卡都具有獨一無二的 MAC 位址，前三組數字為 Manufacture ID，就是廠商 ID；後三組數字為 Card ID，就是網路卡的卡號，透過這兩組 ID，我們可以在實體上區分每一張網路卡。

5-1 認識 ARP

ARP 全名為「Address Resolution Protocol」，稱之為「位址解析協定」，於 RFC 826 中有詳細的規定，主要功能是將 IP 位址轉換成 MAC 位址，它是運作於區域網路中，用來取得電腦裝置的 MAC（Media Access Control，MAC）位址。ARP 通訊協定也是屬於網路層運作的協定，所以它並不限制使用於乙太網路上，例如符記環或 ATM 網路等都可以使用。

就以乙太網路為例，同一區域網路中的一台主機要和另一台主機進行直接通訊，必須要知道目標主機的 MAC 位址。ARP 是採取「廣播」（broadcast）的方式來發送封包，一旦送出資料，所有在網路上的電腦裝置

都會得知，不過只有指定的電腦裝置會有所反應。當一個封包從網際網路上的伺服器傳到某一台指定的電腦時，伺服器是以 IP 位址來認定目標電腦，以 OSI 模型看封包傳遞的順序，IP 位址定義在第三層網路層，MAC 位址定義在第二層資料鏈結層。所以封包要正確傳遞，就需要透過 ARP 的橋接動作，ARP 就是負責以目標電腦的 IP 位址查詢到對應的 MAC 位址，使雙方得以 MAC 位址直接進行通訊。ARP 主要是應用在 IPv4，是網路層必不可少的協定，但是到新版 IPv6 則不再使用 ARP，因其中的「芳鄰找尋」（Neighbor Discovery）訊息繼承了 ARP 解析地址的功能。

 TIP ARP 負責以 IP 位址查詢 MAC 位址，RARP 則是以 MAC 位址查詢 IP 位址，RARP 客戶端本身並沒有 IP 位址，它在開機後會以廣播的方式發出 RARP request，雖然所有的電腦都收到了這個封包，但只有 RARP 伺服端會回應這個訊息，並分配一個 IP 位址，一般很少會用到 RARP 協定。

5-1-1 ARP 的工作原理

ARP 的基本作業流程是兩部電腦位於同網域，因為 ARP 只能解析同一個網路內的 MAC 位址，若兩部電腦位在不同的網域內，則中間必須透過路由器（或交換器）的轉送才可完成。ARP 的工作原理相當簡單，主要是有 ARP Request 與 ARP Replay 兩個封包組成的動作。假設目前區域網路中有 C1、C2 兩台電腦，將執行資料傳輸的兩部電腦，其 IP 與 MAC 如下表：

角色	IP 位址	MAC 位址
電腦 C1	192.168.2.13	00:C4:E2:47:7F:5E
電腦 C2	192.168.2.21	00:AB:6E:C2:D0:07

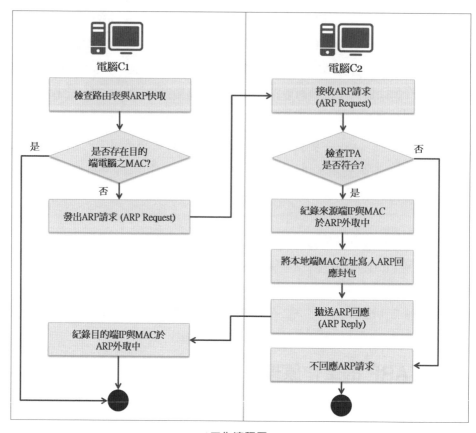

<工作流程圖>

1. C1 電腦要傳送資料給 C2 電腦，不過還不知道 C 電腦的實體位址，於是以廣播的方式發出 ARP request，不過首先電腦 C1 檢查電腦 C2 的 IP 與 MAC 位址是否已經記錄於本地的 ARP 快取中；若有則立即使用快取中的對應表。

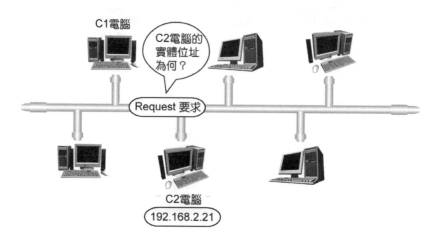

> **TIP** ARP 快取（ARP Cache）的設計便是為了節省網路上的傳輸浪費，只要 ARP 完成每次查詢後，就會將 IP 位址與 MAC 位址的記錄存放在快取中。靜態記錄是經由網管人員以手動方式加入或更新，靜態紀錄會維持在 ARP 快取中，不會因為時間逾期而被刪除，會一直保留直到電腦重新開機。動態 ARP Cache 則是超過時效性就會被消除，以微軟 Windows 作業系統為例，ARP Cache 保留時間為 10 分鐘，若超過時效則 ARP 作業流程就必須重新執行。

2. 若 ARP 快取查詢不到電腦 C2，則以廣播方式發出 ARP REQUEST，此時同網域的所有電腦都會收到 ARP REQUEST，隨即檢查目的端通訊協定位址（Target Protocol Address，TPA），資訊是否符合本身的 IP 位址；若不符合，該電腦就不處理收到的 ARP REQUEST。

3. 若 ARP REQUEST 中的 TPA 等於電腦的 IP 位址，就判定該電腦為目的端。此時電腦會先紀錄來源端的 IP 與 MAC 位址，然後拆解 ARP REQUEST 封包內容，加上本身的 MAC 位址，封裝成 ARP REPLY 封包，並拋送回來源端 IP 位址。

4. 電腦 C1 接收到 ARP REPLY 後，即紀錄目的端 IP 與 MAC 位址於 ARP 快取中，此時 ARP 作業完成，雙方開始傳送資料內容。

在此要特別補充一點，當傳送主機和目的主機不在同一個區域網路時，即使知道目的主機的 MAC 位址，兩部主機也不能直接通訊，傳送主機必須透過路由器向外轉送。也就是說，傳送主機透過 ARP 取得的 MAC 位址並不是目的主機的真實 MAC 位址，而是一部可以通往區域網路外的路由器的 MAC 位址，而這種情況則稱為 ARP 代理（ARP Proxy）。

5-1-2 ARP 的封包

ARP 協定是利用 TCP/IP 協定中廣播方式進行傳遞，因此 ARP 封包前會帶有 TCP/IP 表頭，依序為目的位址、來源位址、協定類型，然後是 ARP 封包內容；接在 ARP 封包尾端有 10 個位元組的保留空間以及 CRC 檢查碼。如下圖所示：

Destination Address (6 Bytes)	Source Address (6 Bytes)	Type (2 Bytes)	ARP Packet (28 Bytes)	Padding (10 Bytes)	CRC (4 Bytes)

ARP 發出實體位址查詢需求的動作稱之為 ARP request，回應實體位址的動作稱之為 ARP reply，但其實它們的封包欄位格式是相同，主要是記錄 IP 位址與 MAC 位址的相關資訊內容，如下圖所示：

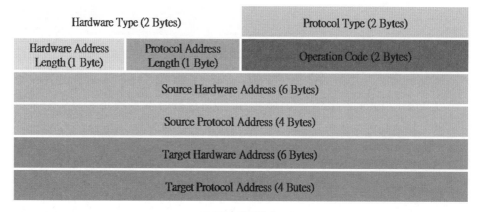

<ARP 封包格式>

■ **硬體類型（Hardware Type）**：長度 2 個位元組，此欄位內容依據本次實體傳輸的類型填入，如乙太網路或符記環網路等，乙太網路的值為 1，符記環為 6，而 ATM 則為 16，其它代碼請參考 RFC 1700 有關於 ARP 的部份。

■ **通訊協定類型（Protocol Type）**：長度 2 個位元組，此欄位內容為本次通訊協定類型，例如 0x0800（十進位 2048）代表 IP 協定、0x8137（33079）代表 IPX，若為 TCP/IP 則代碼為 0x0800（16 進位）。

■ **硬體位址長度（Hardware Address length）**：長度 1 個位元組，此欄位表示該類型的硬體位址長度，例如乙太網路所使用的 MAC 位址為六個位元組，所以此處就設為 6。

■ **通訊協定位址長度（Protocol Address length）**：長度 1 個位元組，指定網路層所使用的協定位址長度，單位為位元組，在 IP 協定中，此欄位值設為 4。

■ **操作碼（Operation Code）**：長度 2 個位元組，此欄表示 ARP 封包使用的型態，共有四種模式：

代碼	功能
1	ARP Request
2	ARP Reply
3	RARP Request
4	RARP Reply

■ **來源端硬體位址（Sender Hardware Address，SHA）**：長度不定，長度取決於 Hardware Address Length 欄位，在 ARP Request 封包中，來源端為本地電腦的 MAC 位址；若在 ARP REPLY 封包中，來源端則為遠端電腦或是遠端路由器。如果是乙太網路的話，即為六個位元組的 Mac 位址。

■ **來源端通訊協定位址（Sender Protocol Address，SPA）**：長度不定，記錄發送端所使用的邏輯協定位址，此欄位的長度跟 Protocol Type 長度有關，以 IP 協定為例，就是 4 位元組的 IP 位址。

■ **目的端硬體位址（Target Hardware Address，THA）**：記錄目的端的硬體位址，長度不定，長度取決於 Hardware Address Length 欄位。如果是乙太網路的話，即為六個位元組的 Mac 位址。

■ **目的端通訊協定位址（Target Protocol Address，TPA）**：目的端通訊協定位址，長度不定，此欄位的長度跟 Protocol Type 長度有關，記錄目的端所使用的協定位址，以 IP 協定為例，此欄位是 4 位元組的 IP 位址。在 ARP REQUEST 封包中，此欄位值是對方電腦的 IP 位址；而在 ARP REPLY 封包中，此欄位值是當初發送 ARP REQUEST 的電腦 IP 位址。

這個小節針對區域網路中的各種封包格式做了個介紹，並說明了 ARP 協定運作原理，以瞭解封包格式的意義與實地的往來作業情況，至於 ARP 封包中使用到的硬體類型、通訊協定類型與操作碼等選項，可參考 RFC826、RFC5342 以及 RFC5494，也可連上 Internet Assigned Numbers Authority（IANA）網站（http://www.iana.org）查詢詳細資料。

5-1-3 ARP 工具程式

在大部份的作業系統都會提供 ARP 工具程式,以微軟 Window 為例,它的 ARP 工具程式名稱為 ARP.EXE。這支程式可以讓使用者檢視與增刪 ARP 快取的內容。例如:要檢視 ARP 快取的內容,可以在命令列提示符號鍵入 arp–a 的指令,如下圖所示:

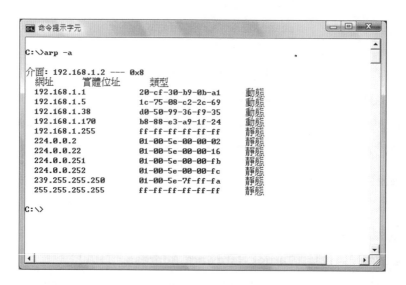

在上圖中的「網址」代表要解析的目標主機的 IP 位址,而「實體位址」則是解析後目標主機的 MAC 位址,至於「類型」欄位則是說明了此筆紀錄的產生方式,ARP Cache 分為靜態(Static)與動態(Dynamic)兩種型態。其它指令語法如:

■ **arp–s　IP 位址　MAC 位址**

此指令是用來在 ARP 快取中新增一筆靜態紀錄。

■ **arp–d IP 位址**

此指令是用來刪除 ARP 快取中的紀錄。

5-2 ICMP 通訊協定

由於 IP 協定是一種「非連接式」(Connectionless)傳輸通訊協定,主要負責主機間網路封包的定址與路由,並將封包從來源處送到目的地。但由於 IP 協定考慮到傳輸的效能,資料的發送端只需負責將封包送出,並不會去理會封包是否正確到達?因為它缺乏確認與重送機制,也沒有任何的訊息回報及錯誤報告的機制,例如:網路環境常發生的錯誤可能有參數設定錯誤、線路中斷、設備故障或路由器負載過重等狀況。如果要得知資料傳送的過程資訊,就必須依賴 ICMP 協定的幫助。

不過在此各位要先了解 ICMP 也是屬於網路層的協定,僅是扮演一個「錯誤偵測與回報機制」的輔助角色,它能幫助我們能夠檢測網路的連線狀況,偵測遠端主機是否存在,以確保連線的準確性,當我們要對網路連接狀況進行判斷的時候,ICMP 是個非常有用的協定。ICMP 並不具備有「解決問題」的能力,收到 ICMP 封包的主機要如何進行處理,與 ICMP 本身完全沒有關係,不過通常必須依賴更上層的協定或程序來處理才可。

5-2-1 認識 ICMP

「網路控制訊息協定」(Internet Control Message Protocol,ICMP),它運作於 DOD 模型的網際網路層,不過它的資料並不直接送往網路存取層,ICMP 封包是封裝在 IP 協定封包中再傳送出去,可說是 IP 協定的輔助協定,可提供 IP 協定所沒有的網路狀況或錯誤等報告。

ICMP 封包可能來自於主機或路由器,能夠反應主機或路由器目前的運作情形與資料處理狀況,一個 ICMP 訊息依照作用還可以區分為「詢問訊息(query message)」與「錯誤報告訊息(error-reporting message)」兩種。

■ **詢問訊息(query message)主要分為下列幾種類型:**

◇ Echo Reply,回應答覆資料。

◇ Echo Request,回覆請求資料。

◇ Router Advertisement,路由器通告資料。

◇ Router Solicitation，路由器選擇資料。

◇ Timestamp Request，時間印要求。

◇ Timestamp Reply，時間印回覆。

◇ Address Mask Request，位址遮罩要求。

◇ Address Mask Reply，位址遮罩回覆。

■ 錯誤報告訊息（**error-reporting message**）主要分為下列幾種類型：

◇ Destination Unreachable，無法抵達目標資料。

◇ Source Quench，來源端放慢資料。

◇ Redirect，重新導向資料。

◇ Time Exceeded，資料逾時。

◇ Parameter Problem，資料參數問題。

5-2-2 ICMP 封包格式

一個 ICMP 封包主要可以分為「表頭」與「資料」兩個部份，表頭欄位長度為固定為 32 位元的長度，其中包括了三個欄位：Type、Code 與 Checksum。ICMP 資料欄位的內容與長度，視封包作用與類型而有所不同，一個 ICMP 封包內容如下圖所示：

TYPE（種類），8Bits	CODE（代碼），8Bits	Checksum（加總檢查碼），16Bits
資料區（長度不定）		

⚙ 種類（Type）

長度為 8Bits，標示 ICMP 的封包種類，也就是 ICMP 封包的作用，一個 ICMP 封包可以帶有各種不同的資料，而以此欄位作為識別，ICMP 的種類相當多，各位可以連上：https://www.iana.org/assignments/icmp-parameters/icmp-parameters.xhtml。

查詢完整的 ICMP 種類內容，以下列出幾個常見的 ICMP 種類值：

種類	說明
0	Echo Reply，回應答覆資料。
3	Destination Unreachable，無法抵達目標資料。
4	Source Quench，來源端放慢資料。
5	Redirect，重新導向資料。
8	Echo Request，回覆請求資料。
9	Router Advertisement，路由器通告資料。
10	Router Solicitation，路由器選擇資料。
11	Time Exceeded，資料逾時。
12	Parameter Problem，資料參數問題。
13	Timestamp Request，時間印要求。
14	Timestamp Reply，時間印回覆。
15	Information Request，在 RARP 協定應用之前，此訊息是用來在開機時取得網路信息。
16	Information Reply，用以回應 Information Request 訊息。
17	Address Mask Request，位址遮罩要求。
18	Address Mask Reply，位址遮罩回覆。

🔹 代碼（Code）

長度為 1bytes，與 ICMP 種類（Type）配合可定義各種 ICMP 訊息的作用，大部份的 ICMP 種類中只定義一種 ICMP 代碼，此時代碼設為 0。例如當目的端無法到達時，可能是目的主機沒有開機或目的主機所在的網路無法到達等原因，Code 欄位會以不同的代碼來定義這些情況，如果沒有多個情況要加以區別，則 Code 欄位設定為 0。

🔹 加總檢查碼（Checksum）

長度為 2bytes，用來儲存 ICMP 錯誤訊息的加種檢查碼。

🔹 ICMP 資料

這裏的欄位內容與長度隨著 ICMP 種類（Type）不同而有所變化。

5-2-3 Echo Request 與 Echo Reply

　　ICMP 協定的一種較常見應用是對某個節點發送一個訊息，並請該節點回應一個訊息給發送端，以瞭解連線或網路狀態，通常使用的有兩種類型：回應要求（Echo Request）與回應答覆（Echo Reply）。

　　Echo Request 與 Echo Reply 封包主要運作於主機與主機之間，用來決定目的主機是否可以到達，發送端主機發出 Echo Request 封包，而接收端主機收到封包則回應 Echo Reply 封包，如下圖所示：

發送端主機發出Echo Request封包

接收端主機收到封包則回應Echo Reply封包

< **Echo Request 與 Echo Reply** >

　　雖然封包是運作於兩個主機之間，由於 ICMP 封包是包裝於 IP 封包之中，如果兩個主機間能夠處理 ICMP 封包，也就表示了兩個主機之間的 IP 協定運作並沒有問題。Echo Request 封包表頭的 Type 欄位設定為 8，而 Echo Reply 的 Type 欄位設定為 0，而 Code 欄位則固定為 0，至於資料部份則包括了 Identifier、Sequence Number 與 Optional Data 三個部份，如下圖所示：

Type (種類) 8位元	Code (代碼) 8位元	Checksum (加總檢查碼) 16位元
Identifier (識別碼) 16位元		Sequence Number (序號) 16位元
Optional Data (選項資料) 此欄位長度並不固定		

< **Echo Request and Reply** 封包內容 >

Identifier、Sequence Number 在協定中並沒有定義它的作用，不過發送封包的主機可以自由使用，以下說明 Identifier、Sequence Number 與 Optional Data 三個欄位：

✪ Identifier（識別碼）

長度為 2bytes，由發送 Echo Request 的主機產生，通常用來定義發送訊息的主機之程序識別碼（Process ID），由此可以得知該封包是屬於哪一個程序所發出，至於 Echo Reply 封包的 Identifier 欄位值則必須與 Echo Request 相同，表示為同一組 Echo Reply／Echo Request。

✪ Sequence Number（序號）

長度為 2bytes，通常用來識別所送出的封包，由 Echo Request 的發送端產生，第一次發出的封包序號為隨機產生，而且每發送一個封包就遞增 1，用來區分所發出的是第幾個 ICMP 封包，而接收端收到封包後，就會將這個欄位的值填入 Echo Reply 封包中的 Sequence Number 欄位，發送端可以依此判斷該封包是在回應哪一個 Echo Request 封包，Echo Reply 與 Echo Request 的序號欄位內容必須相同，表示為同一組 Echo Reply/Echo Request。

✪ Optional Data（選項資料）

此欄位長度並不固定，內容視 Echo Request 的發送端所使用之程序而定，用來記錄選擇性資料，Echo Reply 的 Optional Data 必須重複這個欄位的內容，由此可確認資料在傳送的過程沒有發生錯誤。

5-2-4 Destination Unreachable 資料

如果目的主機無法傳送封包，或是路由器無法繞送封包至目的主機，則該封包會被目的主機或路由器丟棄，這時必須回報一個 ICMP 封包給發送封包來源，告知訊息無法傳送的原因。丟棄封包的目的主機或路由器可以送出一個 Destination Unreachable（無法抵達目標資料）封包給發送封包的主機，Destination Unreachable 封包的格式如下圖所示：

Type(種類) 8位元	Code(代碼) 8位元	Checksum(加總檢查碼) 16位元
不使用，全部為0 32位元		
IP標頭與資料承載 （長度不定）		

< **Destination Unreachable** 封包欄位格式 >

Destination Unreachable 封包的 Type 欄位值為 3，由於目的地無法達到會有許多原因，所以 Destination Unreachable 封包的 Code 欄位就用來定義這些可能的原因，它的值由 0 ～ 12，以下說明幾種常見的 Code 欄位值所代表的意義：

■ **欄位值 0**：Network Unreachable（網路無法到達），此訊息為路由器產生，當路由器硬體有問題，或是找不到適當的傳送路徑時，由路由器發送 network unreachable 訊息給 IP 封包來源端。

■ **欄位值 1**：Host Unreachable（主機無法到達），此訊息由路由器產生，路由器已發送訊息給目的端，但無法收到目的端的回應，此時由路由器發送 Host unreachable 訊息給 IP 封包來源端。主機與路由器所在的網路直接連接，但主機無法到達，可能是主機已關閉。

■ **欄位值 2**：Protocol Unreachable（協定無法到達），目的主機上該協定可能沒有運作。由目的主機產生，IP 封包所攜帶的訊息必須往上由更高的協定層進行處理，例如 TCP 協定，但是目的端沒有執行相同的協定（TCP），此時由目的主機發送 Protocol unreachable 訊息給 IP 封包來源端。

■ **欄位值 3**：Port Unreachable（連接埠無到到達），目的端沒有開放相對應的連接埠（伺服器程式或應用程式沒有執行）。

■ **欄位值 4**：Fragmentation Needed and DF Set，封包需要分段但設定了 DF 旗標，當路由器需要將封包加以分段才能送到另一個網路，但是 IP 標頭中

的 DF 旗標卻被設定，因此無法將此封包加以分段，路由器會丟棄此封包並回報此錯誤訊息。

■ **欄位值 5**：Source Route Failed（來源路由失敗），來源路徑指定選項無法達到，IP 標頭中的路由資訊無法使用時，由路由器發送訊息給來源端。

■ **欄位值 6**：Destination Network Unknown（目的網路不明），可能是路由表中並沒有目的網路的相關路由資訊。

■ **欄位值 7**：Destination Host Unknown（目的主機不明），可能是路由表中找不到目的主機的相關路由資訊。

■ **欄位值 8**：Source Host Isolated，來源主機被隔離。

至於 ICMP 資料還有以下欄位：

■ **Unused（未使用）**：未定義用途的欄位，其值都為 0。

■ **IP header and Payload（IP 表頭與承載資料）**：會將無法送達的問題封包的 IP 表頭與承載資料的前 8 bytes 寫入本欄位，因此接收到 Destination Unreachable 封包後，就可以由此得知問題發生的原因並進一步加以解決。

5-2-5 Redirect（重新導向）

當 IP 封包由一個網路到另一個網路時，必須經過路由器的繞送，路由器會為其選擇一個最佳的路徑進行傳送。例如一部主機剛開機時，它本身所擁有的路由資訊有限，由於主機並沒有以動態方式更新路由表內容，有時候主機所選擇的路由器並不一定會是最佳的路徑。如果路由器收到一個 IP 封包，將資料傳送給預設路由器，當資料到達之後，檢查本身的路由表，發現並不是最佳的路徑，它仍然會先轉送 IP 封包給下一個路由器，但也會發送一個 Redirect（重新導向）封包給發送封包的主機，以告知它最佳的路由器 IP 位址。這樣下次再傳送封包時，發送端主機就可以選擇最佳的路徑來傳送。

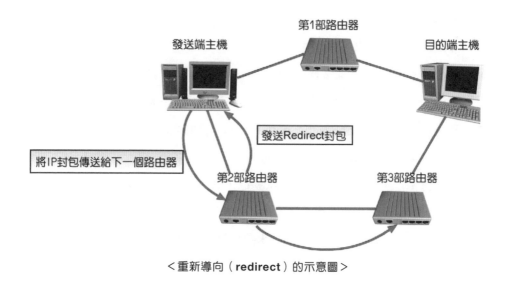

第1部路由器

發送端主機

目的端主機

發送Redirect封包

將IP封包傳送給下一個路由器

第2部路由器

第3部路由器

<重新導向（redirect）的示意圖>

當發送端主機要傳送封包給目的端主機時，假設最佳路徑是經由第一部路由器。如果以上圖為例，IP 封包卻被傳送至第 2 部路由器，第 2 部路由器檢查本身的路由表後發現主機所選擇的並不是最佳路徑，它仍然將封包轉送給第 3 個路由器，並發送一個 Redirect 封包給 IP 封包的發送主機，該主機可以由此更新本身的路由資訊，如此下次就可以選擇正確的經由第一部路由器路徑來發送封包。至於 Redirect 封包的格式如下所示，其中 Type 欄位設定為 5，而 Code 欄位值為 0 ～ 3：

Type（種類） 8位元	Code（代碼） 8位元	Checksum（加總檢查碼） 16位元
目的路由器的IP位址 32位元		
IP標頭與資料承載 （長度不定）		

<Redirect 封包>

IP 表頭與資料承載的部份為所收到的 IP 封包之一部份，長度不固定，以上圖為例，目的路由器的 IP 位址（Router IP Address）部份長度為 32Bits，就是填入第一部路由器的 IP 位址，至於 Code 欄位值所代表的意義如下所示：

- ■ **欄位值 0**：特定網路轉址。
- ■ **欄位值 1**：找到通往目的主機更適合的路徑。
- ■ **欄位值 2**：找到符合 TOS 與通往目的主機更適合的路徑。
- ■ **欄位值 3**：當路由器收到 IP 封包後，在路由表中找到符合 TOS（Type Of Service）與通往目的網路更適合的路徑。

5-2-6 Source Quench（降低來源傳輸速度）

不管是主機或路由器，因為資料接收端使用佇列來儲存等待被傳送或處理的封包，當接收封包的速度大於被傳送或處理封包的速度，由於只使用 IP 協定本身並不具備流量控制的功能，主機或路由器並無法得知 IP 封包是否送達了目的端？還是由於網路壅塞而被其它路由器丟棄？或目的端由於來不及處理而丟棄封包？

這個時候資料就會壅塞，主機或路由器只有丟棄過多的封包，此時必須丟出一個 Source Quench（降低來源傳輸速度）封包。Source Quench 封包用來協助 IP 協定達到流量管理的功能，告知來源主機封包已被丟棄，並應放慢封包的發送速度以免造成網路持續壅塞，如果壅塞的情況一直發生，封包被丟棄的情況就會持續，此時來源端會一直被告知放慢速度的要求。不過 ICMP 只負責報告，來源主機收到這個封包後該如何處理？如何放慢速度或進行流量控制？則不是 ICMP 所管轄的範圍。

Source Quench 封包的 Type 欄位設定為 4，Code 欄位設定為 0，再來的 32 個位元不使用，全部設為 0，如下圖所示：

Type（種類） 8位元	Code（代碼） 8位元	Checksum（加總檢查碼） 16位元
不使用 32位元		
IP標頭與資料承載 （長度不定）		

< **Source Quench** 封包 >

5-2-7　Time Exceeded（時間逾時）

之前我們提過為了避免 IP 封包在網路中無止境的傳送，我們會設定一個 IP 封包的「存活時間」（Time to Live，TTL）。如果超過這個規定時間還未到達目的端，我們就稱為「逾時」。在兩種情況下路由器或主機會發出 Time Exceeded（時間逾時）的訊息：

⚙ IP 封包 TTL 欄位變為 1

為了防止路由錯誤等因素，避免 IP 封包不斷地於網路中進行轉送，導致 IP 封包在網路上無止境的傳送，IP 封包中設定了 TTL（Time to live）欄位的值，每經過一個路由器，TTL 的值就減 1，當路由器收到的 IP 封包其 TTL 值為 1 時，就會丟棄此封包，並發出一個 Time Exceeded 訊息的 ICMP 封包給來源端。

⚙ 指定時間內無法重組 IP 封包

由於 IP 封包在網路中進行傳送時，會經過不同的網路，其中由於每個網路的 MTU 值不同，而使得封包有可能被切割，這些被切割的封包會經由不同的路徑傳送，主機必須重組這些被切割的封包，如果在規定的時間內這些封包無法全部到達目的端完成重組，則目的端會丟棄所有已接收到的所有分段，並發送一個 Time Exceeded 封包給發送端。

Time Exceeded 封包的 Type 欄位值設定為 11 代碼（Code）欄位為 0 時，表示此封包代表 TTL 計數逾時（TTL count Exceeded），1 代表此封包為分割重組逾時（Fragment reassembly Time Exceeded），資料欄位前 32Bits 沒有使用，IP 表頭與 Payload 欄位則寫入原 IP 封包的表頭資訊與 Payload 前八個 Bytes 的內容。Time Exceeded 封包如下圖所示：

Type（種類） 8位元	Code（代碼） 8位元	Checksum（加總檢查碼） 16位元
不使用 32位元		
IP標頭與資料承載 （長度不定）		

< **Time Exceeded 封包** >

5-2-8 Parameter Problem（參數問題）

如果 IP 封包的欄位參數值有問題，路由器或目的主機發現後將會丟棄此封包，並發送一個 Parameter Problem 封包，其 Type 欄位設定為 12，而 Code 欄位設定為 0 時，表示 IP 表頭欄位有誤，這個指標會指向有問題的位元組，如果設定為 1，表示選項部份描述不完全，則指標欄位就沒有作用。Parameter Problem 封包格式如下圖所示：

Type（種類）8位元	Code（代碼）8位元	Checksum（加總檢查碼）16位元
指標 8位元	不使用 24位元	
IP標頭與資料承載（長度不定）		

< **Parameter Problem 封包** >

5-2-9 ICMP 工具程式

在作業系統中大都內建有一些基本的工具程式，可以發出 ICMP 封包，例如 ping、tracert、pathping 等工具程式，在這邊簡介一下 ping 工具程式的原理及使用方式：

🔧 ping 工具程式

ping 工具程式是用來測試兩台主機是否能夠順利連線的最簡單的工具。ping 工具程式可以發出 Echo Request 封包，接收到此封包的主機或伺服器必須回應 Echo Reply 封包，在 Windows 下如果鍵入 ping 指令，可以得到 ping 相關的使用說明，以下針對 ping 的使用語法與常見的指令參數加以說明：

```
ping 參數 IP 位址或主機名稱
```

如果直接鍵入 ping 指令，會出現使用說明，下表針對參數設定加以說明：

參數	說明
-t	持續發出 Echo Request，直到按下 Ctrl+C 鍵停止，則使用者中斷程式。
-a	先進行 DNS 反向位址解析，指定 IP 位址進行主機名稱查詢。
-n	設定發出的 Echo Request 次數，預設為四次。
-l	設定緩衝區大小。
-i	設定傳送的 TTL 值。
-v	設定服務類型。
-w	設定等待時間，單位是毫秒。

舉個例子來說，您可以設定 TTL 值為 15，如果 ICMP 封包在指定的 TTL 時間內無法抵達主機，會傳回 TTL expired 的訊息，否則報告回應時間、TTL 等資訊。

基本上，ping 預設會發出四個 Echo Request 封包，您可以使用以下的指令發出二個 Echo Request 封包：

```
ping-n 2 140.112.2.100
Pinging 140.112.2.100 with 32 bytes of data:
Reply from 140.112.2.100: bytes=32 time=122ms TTL=242
Reply from 140.112.2.100: bytes=32 time=147ms TTL=242
Ping statistics for 140.112.2.100:
   Packets: Sent = 2, Received = 2, Lost = 0 (0% loss),
Approximate round trip times in milli-seconds:
   Minimum = 122ms, Maximum = 147ms, Average = 134ms
```

如果要得知 IP 封包抵達目的端前中間經過了幾個路由器，可以用 256 減去回應的 TTL 值，就以上的範例來說，就是經過 257-242=12 個路由器，如果指定的主機沒有回應，則會回應以下的訊息：

```
ping 140.112.18.32

Pinging 140.112.18.32 with 32 bytes of data:

Request timed out.

Request timed out.

Request timed out.

Request timed out.

Ping statistics for 140.112.18.32:

Packets: Sent = 4, Received = 0, Lost = 4 (100% loss),
```

本 章 習 題

1. 試簡述「位址解析協定」（ARP）。

2. 如果兩部電腦位在不同的網域內，如何才能完成 ARP 的作業？

3. 試說明 ARP 快取（ARP Cache）分為哪幾種型態？

4. 請簡述 ARP 封包的種類與內容。

5. 請簡述網路控制訊息協定（Internet Control Message Protocol，ICMP）。

6. 一個 ICMP 訊息依照作用還可以區分為哪些？

7. 請問 ICMP 封包的 Type 欄位值 12，代表什麼？

8. 請說明 Echo Request 與 Echo Reply 封包的 Sequence Number（序號）欄位。

9. 如果路由器收到一個 IP 封包，發現並不是最佳的路徑，請問會如何處理？

10. Source Quench 封包的功用為何？

11. 請問在兩種情況下路由器或主機會發出 Time Exceeded(時間逾時) 的訊息？

06

Chapter

速學 UDP 與 TCP 通訊協定

前面章節中我們提過傳輸層的任務主要在於傳送資料的確認、流量控制、錯誤處理等，它負責與上層的程序進行溝通，決定該將所接收的資料交給哪一個程序，將之包裝、分段、加上錯誤處理等訊息，並交由下層繼續進行處理。本章中我們將介紹「傳輸層」（Transport Layer）中的協定，「傳輸通訊協定」（Transmission Control Protocol，TCP）與「使用者資料協定」（User Datagram Protocol，UDP）。

TCP 跟 UDP 都是屬於網路封包傳送的方式，TCP 是使用在需要經過多個網路傳送的情況，為了維持資料抵達的正確性，許多確認與檢查的工作是必須的，屬於一種「連線導向」（Connection-Oriented）資料傳遞方式。UDP 則是一種較簡單的「非連線導向」（Connectionless）通訊協定，運作相當簡單，所需的電腦資源相當少，由於不須事先建立連線的特性，可以作為單純的請求與回應（Request and reply）。

6-1 UDP 協定

UDP 是位於傳輸層中運作的通訊協定，主要目的就在於提供一種陽春簡單的通訊連接方式，通常比較適合應用在小型區域網路上。由於 UDP 在於傳輸資料時，不保證資料傳送的正確性，所以不需要驗證資料，因為使用較少的系統資源，相當適合一些小型但頻率高的資料傳輸。

UDP 也具備多工（Multiplexing）與解多工（Demultiplexing）能力，一個程式可以應付多個程序，並且同時要求 UDP 來傳送資料，如果要對區域網路進行廣播（Broadcast）或多點傳播（Multicast）等一對多的資料傳送，就要採用 UDP。

UDP 採用「佇列」的方式來控制資料的輸出入過程，發送端與接收端都依照資料到達的先後順序進行處理。UDP 只能傳送簡短訊息，因為它不能將封包加以分段，也就是不能使用「資料流」（Data stream）的方式來傳送封包，對每一個 UDP 封包所攜帶的封包都是一個完整未經切割的資料。

6-1-1 通訊連接埠與 Socket 位址

「通訊連接埠」（Port）是指資料傳送與接收的窗口，當接收端接收到從網路上傳送而來的封包資料，必須要知道是哪一個應用程式要使用的，當資料傳送出去時，也必須指定由對方的哪一個應用程式來接收，這就是通訊連接埠的功用。

我們知道 IP 封包可由 IP 位址來得知要將資料傳送給網路上的哪一台主機，而 UDP 更進一步地將資料分配給主機上指定的執行程序，它所依靠的就是「通訊連接埠」（Port），也因此一部電腦上可能同時執行多個程式，而伺服器端也可能同時執行多個網站服務。

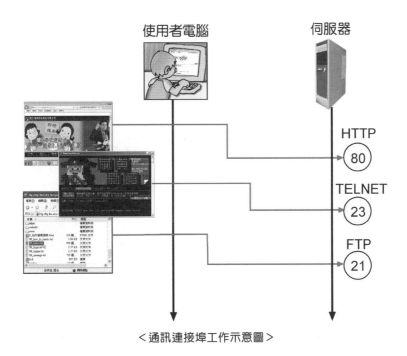

<通訊連接埠工作示意圖>

一個 IP 位址結合一個埠號（Port number）就稱之為「Socket 位址」（Socket Address），IP 位址是給路由器看的，而埠號則是用來給 UDP 來處理，例如我們送信時需要寫下地址，它的作用好比 IP 位址，如此信件才能送達目的地，而信件上也必須寫下收件人是誰，這就好比指定通訊連接埠，如此才能知道這份信件將由哪個人接收。

6-1-2 連接埠號的分類

每個程序在執行時，系統都會給予一個埠號，代表程序執行的位址，由於傳輸層協定使用 2 bytes 來存放連接埠號，所以埠號的有效範圍可以從 0 ～ 65,535 之間。IANA 機構（Internet Assigned Numbers Authority）規定的埠號可區分為三個範圍：公認埠號（Well-Known）、註冊埠號（Registered）及動態與私有埠號（Dynamic and/or Private ports）。各位可以至 IANA 的網站上參閱最新的連接埠資訊，網址是：「http://www.iana.org/protocols」。

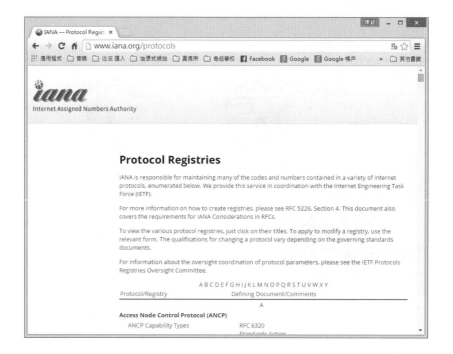

✿ 公認埠號（Well-Known）

範圍 0 ～ 1,023 的埠號稱為公認埠號，必須向 IANA 進行申請，通常是伺服器程序使用。例如郵件伺服器會使用埠號 25，當郵件要運送時，會在郵件標頭加入此埠號標記，才能把資料送到這個連接埠，或者 HTTP 伺服器使用 80、Telnet 使用 23、FTP 使用 21 等等。

　　要規定公認埠號是因為伺服器程序通常是在啟動之後等待客戶端來進行連結，如果伺服器程序的埠號也是隨意指定的話，客戶端並無法得知要指定伺服端的哪一個埠號，所以常用的伺服器程序就必須指定大家所公認的埠號，方便客戶端進行連結。下表列出常見的公認埠號碼：

UDP 連接埠	說明
20	FTP 資料連線
21	FTP 控制連線
23	TELNET 終端機連線
25	SMTP 簡易郵件傳輸服務
53	DNS，網路名稱系統
67	BOOTP 客戶端（DHCP）
68	BOOTP 伺服端（DHCP）
69	TFTP，小型檔案傳輸協定
79	Finger 詢問登入者
80	HTTP 超文件傳輸協定
110	POP3 協定
111	RPC，遠端程序呼叫
137	NetBIOS 名稱服務
161	SNMP，簡單網路管理通訊協定
520	RIP，路由資訊通訊協定

◎ 註冊埠號（Registered ports）

　　範圍從 1024~49151 的連接埠編號則稱為「註冊埠號」，為一般程序所使用，可以提供給民間軟體公司或相關產業業者向 IANA 註冊，以免被重複使用。

◎ 動態與私有埠號（Dynamic and/or Private ports）

　　範圍從 49,152 ～ 65,535，不用向 IANA 註冊，可以自由使用，也稱之為「短暫埠號」，是留給用戶端連線至伺服端時，隨機取得的埠號；如用戶端上網或做為個人開發軟體測試用的埠號，通常也會因為不同的軟體或品牌而異。

6-1-3 UDP 封包

UDP 封包分成 UDP 承載資料（Payload）與 UDP 表頭與兩大部份，承載資料就是來自於上層程序（應用層）的操作資料，其中 UDP 表頭的內容相當簡單，記錄了目的地、資料來源、長度、錯誤檢查碼等資訊，下圖則是 UDP 封包表頭的欄位內容：

Source Port （來源連接埠編號） 16位元	Destination Port （目的連接埠編號） 16位元	Length （封包長度） 16位元	Checksum （錯誤檢查碼） 16位元

< UDP 封包表頭欄位內容 >

⚙ 來源連接埠編號（Source Port）

佔 16Bits，應用層的程式會被分配一個 UDP 通訊埠，也就相當於記錄資料封包的來源連接埠號碼，如果沒有必要進行資料的回應，這個欄位全設為 0，這時通常是進行廣播之用，並不需要接收端回應。

⚙ 目的連接埠編號（Destination Port）

佔 16Bits，目的端的應用層連接埠可以算是表頭中最重要的資訊，記錄資料封包的目的連接埠號碼，結合 IP 位址之後，就成了主機與應用程式一個有意義且唯一的位址，也就相當於記錄了這份資料要傳送給哪一個程序。

⚙ 封包長度（Length）

佔 16Bits，記錄 UDP 封包的總長度，單位是位元組，欄位最小值為 8，也就是只有表頭的 UDP 封包長度，最大值受限於 UDP 資料長度不能大於 IP 承載資料（Payload）的最大值。

⚙ 錯誤檢查碼（Checksum）

UDP 的錯誤檢查碼是用來檢查資料的傳送是否正確抵達接收端，此欄位佔 16 個位元，UDP 封包不一定要使用檢查碼，如果要進行檢查和運算，則會先將

Checksum 設定為 0，並在 UDP 封包加上一個「虛擬表頭」（Pseudo Header），在進行檢查和運算時，整個總長度必須為 16 個位元的倍數，如果不是 16 位元的倍數，則加上填充位元（Padding）補齊，其內容全部為 0。

16位元的倍數

| 虛擬表頭 | UDP表頭 | UDP資料 | Padding
（填充位元） |

<檢查和運算時會先加上虛擬表頭與填充位元>

在進行完檢查和運算之後，會將結果填入 Checksum 欄位，並且同時將虛擬表頭與填充位元拿掉。不過當 UDP 封包抵達接收端時，會再加上虛擬表頭與填充位元，並再次進行檢查和運算。虛擬表頭的欄位其實有點像是 IP 表頭的一部份，請看以下欄位說明：

■ **來源位址（Source IP Address）**：此欄位佔 32 個位元，填入資料發送端 IP 位址。

■ **目的位址（Destination IP Address）**：此欄位佔 32 個位元，填入資料接收端 IP 位址。

■ **上層協定（Protocol）**：此欄位佔 8 個位元，為 IP 表頭中的 Protocol 欄位所記錄的值，也就是記錄網路層上層所使用的協定，由於目前使用的是 UDP，所以應填入代表 UDP 的代碼 17，如果是 TCP 則為 6。

■ **封包長度（Length）**：此欄位佔 16 個位元，記錄 UDP 封包總長度。

檢查和中包括了 IP 位址的相關資訊，如果封包不小心送錯了地方，由於這個接收端所加上的虛擬表頭中的 IP 位址為自身的位址，所以計算出來的檢查和就不會全部為 0，因此判定此封包傳送錯誤，可以丟棄此封包。

6-2 TCP

「傳輸通訊協定」（Transmission Control Protocol，TCP）一種「連線導向」資料傳遞方式，可以掌握封包傳送是否正確抵達接收端，並可以提供流量控制（Flow control）的功能。TCP 運作的基本原理是發送端將封包發送出去之後，並無法確認封包是否正確的抵達目的端，必須依賴目的端與來源端「不斷地進行溝通」。TCP 經常被認為是一種可靠的協定，因為當發送端發出封包後，接收端接收到封包時，必須發出一個訊息告訴接收端：「我收到了！」，如果發送端過了一段時間仍沒有接收到確認訊息，表示封包可能已經遺失，必須重新發出封包。

6-2-1 TCP 的特色

TCP 協定是屬於程序與程序間進行資料往來的協定，它的特性主要有三點：連線導向、確認與重送、流量控制。請看以下介紹：

一、連線導向

TCP 是屬於連線導向式（Connection-oriented）的協定，使用 TCP 進行資料傳送之前，必須先建立一個「虛擬線路」（Virtual circuit），就好像建立起專屬的連線。這個動作就好比連接水管，資料就好比流動的水，兩端必須正確的建立連線，才能正確的傳送資料。而要終止連線的話，也必須告知對方連線終止。無論是建立連線或中斷連線，都會有一個特定的步驟來進行，這就是連線導向的特性。

二、流量控制

TCP 的資料傳送是以「位元組流」（Byte stream）來進行傳送，資料的傳送具有全雙工的雙向性傳輸。建立連線之後，任何一端都可以進行發送與接收資料，而它也具備「流量控制」（Flow Control）的功能，雙方都具有調整流量的機制，可以依據網路的狀況來適時的調整，如果以水的流動來比喻，就好比發送端具有水龍頭來調整流出的水量。

TCP 特別使用了「滑動窗口」（Sliding window）來進行流量控制，滑動窗口就好比一個真正的窗口，如果窗口大的話資料流動量就高，如果窗口小的話，資料流動量就低。

TCP 與 UDP 都屬於傳輸層的協定，同樣也都利用「通訊連接埠」來區別每個資料要傳送給哪一個程式，作為資料傳送與接收的窗口，TCP 的埠號和 UDP 一樣受 IANA 的規範，一個 IP 位址加上 TCP 連接埠也稱為「Socket 位址」（Socket Address）。

＜**TCP** 的流量控制就像發送端具有水龍頭來調整流出的水量＞

三、確認與重送

使用 TCP 進行資料傳送，發送端每送出一個資料，都會希望接收端收到後回應一個訊息以作為資料送達的確認，如果在預定的時間內沒有收到這個確認，就會認定資料沒有送達接收端，此時就會重送資料封包。這種情況就好像將一般郵件寄送出去之後，並無法確認信件是否正確抵達，若使用掛號郵件，當收件人收到時必須簽收蓋章，表示信件正確地抵達了，不過相對於 UDP，它的傳送時間可能會比較久。

＜**TCP** 的確認與重送機制就像接到掛號郵件必須簽收蓋章＞

6-2-2 TCP 封包

首先我們來認識 TCP 封包，一個 TCP 封包主要由「表頭」與「承載資料」兩個部份所組成。TCP 承載資料資料的內容是屬於應用層（Application layer）的範圍，例如 DNS、FTP、Telnet 等，與 UDP 封包比較，TCP 封包就顯得較為複雜，去除 TCP 承載資料的部份之後，我們就先來探討 TCP 封包表頭部分：

Source Port（來源連接埠編號） 16位元			Destination Port（目的連接埠編號） 16位元	
Sequence Number（序號） 32位元				
Acknowledgment Number（回應序號） 32位元				
Header Length （表頭長度） 4位元	Reserved （保留欄位） 6位元	Flags （旗標設定） 6位元	Window（窗口） 16位元	
Checksum（錯誤檢查碼） 16位元			Urgent Pointer（緊急資料指標） 16位元	
Options（選項） 長度不定			Padding（填充） 長度不定	

< TCP 封包表頭內容 >

以下將逐項為各位說明 TCP 封包標頭欄位內容：

- **來源連接埠編號（Source Port）**：長度為 16Bits，用來記錄上層發送端的應用程式所使用的連接埠號。

- **目的連接埠編號（Destination Port）**：長度為 16Bits，用來記錄上層接收端的應用程式所使用的連接埠號，也就是相當於指定由哪一個程序接收此封包資料。

- **序號（Sequence Number）**：長度為 32Bits，由於 TCP 的資料是分為數段以位元組進行發送，這使得 TCP 在傳送資料時看起來好像是由一個一個的位元組封包所形成的資料流（Stream），所以必須為每個分段加上一個編號，以表示這個分段於資料流中的位置。

在連線啟始時，發送端會先隨機（Random）產生一個「起始序號」（Initial Sequence Number，ISN），也就是第一個 TCP 封包的序號，接著每個位元組會不斷地加上編號，Sequence Number 會記錄每段資料流的第一個位元組編號。接收端才可以依此順序進行資料的處理。第一個用來建立連線的封包其資料長度為一個位元組，並以第一個封包來通知接收端，所編定的資料封包其 Sequence Number 欄位會設定為 ISN+1（不是 ISN），真正開始傳送的資料封包是從

ISN+1。假設發送的資料封包其長度固定為 200 個位元組,則接下來每一個封包的 Sequence Number 則為 ISN+201、ISN+401、ISN+601 不斷接續下去,就如下圖所示:

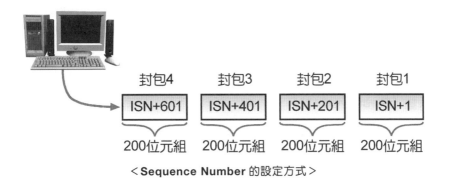

<Sequence Number 的設定方式>

所以除了第一個用來開啟連線用的封包之外,其餘的封包其 Sequence Number 皆設定為 ISN 加上 TCP 資料長度(不包括 TCP 表頭),而從 Sequence Number 中就可以判斷該分段資料在位元組流中的正確位置。

回應序號(Acknowledgment Number)

長度為 32 Bits,是用來回應發送端封包之用,其值相當於發送端 Sequence Number 加上資料的位元組長度,所以這個值也相當於告知發送端,接收端預期將收到的下一個封包的序號(Sequence Number)。在接收端收到封包之後,就將 Sequence Number 欄位的值加上封包長度,以下圖為例,接收端在收到封包之後,所回應的封包其 Acknowledge 如下圖所示:

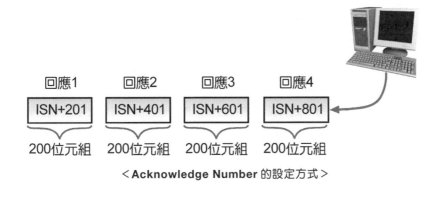

<Acknowledge Number 的設定方式>

⚙ 表頭長度（Header Length）

長度為 4Bits，又稱為「資料偏移」（Data Offset），記錄 TCP 的表頭長度，記錄的單位是「4Bytes」。在不包括 Options 與 Padding 欄位時，Header Length 欄位值為 5，也就是表頭的長度是 5*4=20 Bytes，Options 與 Padding 欄位的長度不定，如果包括這兩個欄位，則 Header Length 欄位值將依實際情況而定，最大值為 15，所以 TCP 表頭的最大長度可達 60 個位元組。

⚙ 保留（Reserved）

保留欄位，長度為 6 Bits，全部設為 0，以便將來擴充之用。

⚙ 旗標（Flags）

特殊位元，又稱之為「Code Bit」，長度為 6 Bits，每個位元各代表一個旗標設定，設定為 1 表示啟用（Enable）該選項，共有 URG、ACK、PSH、RST、SYN、FIN 六個旗標設定。數個選項可以同時被設定，欄位內容如下圖所示：

URG	ACK	PSH	RST	SYN	FIN
1位元	1位元	1位元	1位元	1位元	1位元

< **TCP** 封包中 **Flags** 欄位的控制位元 >

旗標	說明
URG	設定為 1 時表示啟用緊急指標（Urgent Point），由於 TCP 資料在抵達接收端後會先儲存在緩衝區，然後依照位元組流的順序來加以處理。如果發送端有個緊急資料需要接收端優先處理，也就是插隊，就可以設定 URG 為 1，表示這個封包可以不用在緩衝區等待，接收端必須優先處理它。不過必須配合「緊急資料指標」（Urgent Pointer）指定欲處理的資料位元數。
ACK	表示 Acknowledge 旗標，設定為 1 時表示這是一個回應封包。0 表示不使用 Acknowledgement Number。
PSH	表示 Push 旗標，通常為了執行效率上的考量，TCP 資料並不會馬上發送出去，不過有些應用程式需要即時性的資料傳送。設定為 1 表示立即將所接收到的資料馬上傳送給應用層程式。如果設定為 0，接受端在接收到一段完整的資訊之後，並不會馬上傳送給應用層的程式，而是放在 Buffer 區。

旗標	說明
RST	表示 Reset 旗標，設定為 1 表示重置連線，例如通訊不良、連接埠指定錯誤或連線的一方閒置過久等情況下就必須中斷連線。
SYN	表示 Synchronize 旗標，設定為 1 時表示連線時的同步訊號，可藉由此旗標得知 Sequence Number 欄位中記錄的是 ISN。
FIN	表示 Finish 旗標，設定為 1 時表示要中止連線。

窗口（Window）

長度為 16 Bits，作用為設定「流量控制」，這個值是以 Byte 為單位，起始值為發送端所預設，接下來由接收端回應的資料來加以控制。其最大值為 65,535 個位元組，最小值為 0。

錯誤檢查碼（Checksum）

長度為 16 Bits，確保 TCP 封包的內容在傳送的過程沒有受到損壞（包括表頭和資料），TCP 封包中使用了錯誤檢查碼（Checksum）來檢查資料的傳送是否正確抵達接收端，方法是在 TCP 封包加上一個「虛擬表頭」（Pseudo Header），運作方式與 UDP 相同。

緊急資料指標（Urgent Pointer）

長度為 16 Bits，必須與 URG 旗標共同使用，當 Flags 中的 URG 設定為 1 時此欄位才有作用，內容為需要緊急處理的位元組個數，欄位記錄會用來標示為緊急資料的最後一個位元組，例如設定此欄位為 5 時，表示 TCP 資料中從第 0 ～ 4 共 5 個位元組需要緊急處理。

選項（Options）

Options 的長度不固定，一般來說並不常用，主要用來擴充 TCP 的功能，Options 使用與否由用戶端自行決定，但總長度必須為 32 Bits 的倍數，每個選項基本上具備有三個欄位，如右圖所示：

Option Kind (8位元)	Option Length (8位元)	Option Data (長度不定)

1. **Option Kind**：此欄位佔 8 個位元，又稱為命令碼，記錄 Option 的功能種類或用途，下表將列出常用的 Option 種類說明：

Option Kind	說明
0	End of operation，表示選項結束，沒有 Option Length 與 Option Data 欄位，用來表示選項設定結束，之後不再有其它的選項設定。
1	No operation，無動作，用來使得 Option 的長度為 16 位元的倍數。
2	Maximum Segment Size，最大分段長度，表示 TCP 接收端所能接受的最大 TCP 資料長度，記錄於 Option Data 中，記錄的單位是位元組，Option Data 欄位長度為 16 個位元，所以最大資料長度為 0 ～ 65,535，而預設長度是 536。
3	Window scale factor，窗口大小係數，它用來調整資料傳送時的滑動窗口大小，這個項目在連線建立時決定是否使用。
4	SACK-Permitted，允許選擇性應答，沒有 Option Data 欄位，這個選項用來於連線建立時設定，表示是否允許選擇性應答？考慮下圖的狀況，當發送端送出三個封包，而其中第二個封包中無法抵達接收端，由於 TCP 的特性預設只會針對連續到達的封包進行應答，由於沒有收到封包 2，所以封包 2 與封包 3 的應答都不會傳送給發送端，而發送端在預訂的時間內由於沒有收到封包 2 與封包 3 的應答，於是重送封包 2 與封包 3。 封包1 封包2　封包中無法抵達接收端 封包3　應答1 不會傳送應答封包給接收端 重送封包　封包2 封包3 時間　　　時間

Option Kind	說明
	發送端會沒有收到回應的另一種情況，也有可能是封包 2 的回應在返回前就遺失了，無論是哪一種情況，就如上圖所看到的，封包 3 會被重複發送。為了避免這種狀況，在啟始連線時，可以先設定 SACK-Permitted，如此接收端可以回應發送端，告知接收端哪些封包已經接收到了，可以不用重覆發送。
5	SACK（Selective Acknowledge），選擇性應答，這個選項必須在啟始連線時設定 SACK-Permitted 才有作用，Option Data 的長度不定，用來於回應封包中告知發送端哪些封包已經接收到了，Option Data 中會記錄不連續收到的封包之 Sequence Number，每記錄一個封包要用去 32 個位元的長度（也就是 Sequence Number 的長度）。
8	Time Stamp，時間印，長度為 8 個位元組，分為「時間印」與「時間印回應」兩個欄位，若啟用此選項，當 TCP 封包離開發送端時，會將離開的時間記錄於時間印欄位，而當接收端回應此封包時，會複製時間印欄位的值至時間印回應欄位。

2. **Option Length**：此欄位佔一個位元組，用來記錄 Option 的總長度，所使用的單位為位元組。

3. **Option Data**：此欄位的長度不固定，用來記錄 Option 所攜帶的資料內容，其長度等於 Option Length 減去 2。

🔵 填充（Padding）

欄位長度不固定，用來填充 TCP 標頭長度為四位元組的倍數。

6-3 TCP 連線方式

這一個小節我們將開始探討 TCP 的連線方式，整個 TCP 的傳送過程可以說相當複雜，不過簡單來說，TCP 的傳送過程必須在雙方建立起一條「虛擬線路」（Virtual circuit），主要目的為進行 Sequence Number 與 Acknowledge Number 的「同步化」（Synchronize），發送端稱之為執行「主動開啟」（Active open），而接收端為執行「被動開啟」（Passive open），其實就是一種「確認」

與「重送」的簡單概念，有一端進行發送，另一端就必須做出回應，不然傳送視同失敗，資料就必須重新發送。

6-3-1 連線開始建立

通常要開始建立一個 TCP 連線，必須經過三個步驟，稱之為「三次交握」（Three-way Handshaking），每個步驟都必須交換一些資訊，一端確認無誤後，再發送資料給另一端。傳送時的主要的目的在於交換 Sequence Number 與 Acknowledgement Number 的資訊，下圖為三次交握（Three-way Handshaking）模式的示意圖：

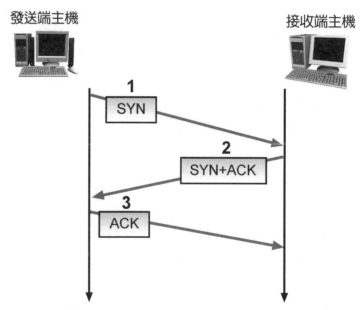

1 $SN=ISN_A, ACKN=0, SYN=1, ACK=0$

2 $SN=ISN_B, ACKN=ISN_A+1, SYN=1, ACK=1$

3 $SN=ISN_A+1, ACKN=ISN_B+1, SYN=0, ACK=1$

＜三次交握（**Three-way Handshaking**）＞

上圖中只列出了幾個重要的 TCP 表頭欄位值，其中 SN 代表 Sequence Number 欄位，ACKN 表示 Acknowledge Number，而 SYN 與 ACK 則表示 Flags 欄位中的兩個控制旗標，以下分別說明三個步驟如何進行：

⑧ 步驟一（SYN）

客戶端 A 想要與伺服端 B 建立連線，首先必須將 Flags 中的 SYN 旗標設定為 1，表示這是一個起始連線的同步封包，稱為 SYN 封包（不含承載資料部份），它的序號就是初始序號，此時 A 端發送封包的 SYN 欄位設定為 1，表示連線時的同步訊號。A 首先隨機產生一個 Initial Sequence Number，假設為 ISN_A，目前還不知道 B 端將發送封包的 ISN_B（Sequence number），所以 Acknowledge Number 先預設為 0，而 ACK 設定為 0，表示這不是個回應封包。至於其它的欄位，例如 Window、或窗口大小係數等，則設定為預設值或視情況來加以設定。相關資訊如下：

SN=ISN_A

ACKN=0

SYN=1

ACK=0

⑧ 步驟二（SYN+ACK）

當 SYN 封包抵達伺服端 B 時，此時已經建立起 A 至 B 的連線，接下來要建立起 B 至 A 的連線，所以 B 將封包的 SYN 旗標設定為 1，表示這也是個同步封包，並隨機產生一個 Initial Sequence Number，假設為 ISN_B。B 端接收到 A 端的封包，得知 A 端的 Sequence Number（以 ISN_A 識別）之後，而 B 也必須回應 A 的同步封包，所以將 ACK 設定為 1，表示它也是個回應封包，並將 ACK 旗標設定為 1。所以這個封包具備有同步封包與回應封包的雙重作用。由於 A 至 B 的同步封包佔一個位元，所以將 ISNA 加上 1，並填入 Acknowledge Number 欄位中。作用如步驟一，接著將封包傳送給 A 端。相關資訊如下：

SN= ISN_B

ACKN= ISN_A+1

SYN=1

ACK=1

💠 步驟三（ACK）

當 A 收到 B 傳送過來的 SYN-ACK 封包，A 由此得知 A 至 B 的連線已建立，由於這不是個同步封包，所以 SYN 旗標設定為 0。而 A 必須要回應這個封包，會發出一個 ACK 封包作為回應，ACK 旗標設定為 1。接著將這個封包的 ISN_B 加 1 並填入 Acknowledge Number 欄位中，表示期望從 B 端收到的下一個封包編號，而這個封包是 A 的第二個封包，所以將 ISN_A 加上 1 並填入 Sequence Number 中，B 接到回應封包後，就得知 B 至 A 的連線建立完成，至此連線的建立已經完成。相關資訊如下：

SN= ISN_A+1

ACKN= ISN_B+1

SYN=0

ACK=1

以上建立連線的方式看似複雜，但只要把握「確認」與「重送」的基本原則，任一方發出資料後，都必須有另一方的確認訊息，第二個步驟屬於 B 端發送給 A 端的確認訊息並要求執行「同步化」，而第三個步驟屬於 A 端發給 B 端的確認訊息。

6-3-2 連線終止運作

TCP 在連線建立之後，連線的雙方地位就是相等的，不再分為主動端與被動端，雙方同時可以進行資料的傳送，也可以由任何一方逕行中斷連線的要求，中斷連線時可以單方面進行中斷或同時進行中斷。如果要中止 TCP 的連線，可單獨中斷一方的連線，例如在要求伺服端進行資料傳送時，由於客戶端已經完成指令的要求，此時不用再繼續保持至伺服端的連線，於是主動提出中斷連線要求（客戶端至伺服端），所以又稱為「主動式關閉」，此時伺服端至客戶端的連線仍然存在，繼續資料傳輸的動作，待資料傳送完畢，伺服端再要求中斷至客戶端的連線即可，這個動作又稱之為「被動式關閉」。

發送端主機　　　　　　接收端主機

1 FIN-ACK

2 ACK

3 FIN-ACK

4 ACK

1 SN=FSN$_A$, ACKN=SN$_B$, ACK=1, FIN=1

2 SN=SN$_B$, ACKN=FSN$_A$+1, ACK=1, FIN=0

3 SN=FSN$_B$, ACKN=SN$_A$, ACK=1, FIN=1

4 SN=SN$_A$, ACKN=FSN$_B$+1, ACK=1, FIN=0

<四次交握（**Four-way Handshaking**）說明圖>

　　如果要中止 TCP 的連線，必須經過四個步驟，這稱之為「四次交握」（Four-way Handshaking）。上圖中完、整說明四次交握的流程，其中 FIN 表示 Flags 欄位中的 Finish 控制旗標，以下說明這四個步驟所進行的動作內容：

步驟一（FIN-ACK）

　　假設客戶端 A 已經完成對伺服端 B 的資料傳送，準備要中斷至 B 的連線，首先可將 FIN 旗標設定為 1，B 也必須回應 A 的封包，所以將 ACK 設定為 1。而這個封包將是 A 至 B 的最後一個資料封包，所以設定 Sequence Number 為 FSN$_A$，表示這是 A 至 B 的 Final Sequence Number，而且 ACK=1，此時的 Acknowledge Number 則為 SN$_B$。相關資訊如下：

$SN=FSN_A$

$ACKN=SN_B$

$ACK=1$

$FIN=1$

步驟二（ACK）

伺服端 B 收到 A 的中斷連線封包，將 FSN_A 加 1，並將封包傳送給 A 以回應此次中斷連線要求，FIN 設定為 0，表示中斷 B 至 A 的連線，並設定 Sequence Number 為 SN_B，然後將封包傳送出去，這也是個回應封包，所以 ACK=1。相關資訊如下：

$SN=SN_B$

$ACKN= FSN_A+1$

$ACK=1$

$FIN=0$

步驟三（FIN-ACK）

接下來當伺服端 B 已完成對 A 的資料傳輸之後，於是將 FIN 旗標設定為 1，表示要中斷至 A 的連線，A 也必須回應 B 的封包，所以將 ACK 也設定為 1。而此時的封包是 B 至 A 的最後一個封包，所以設定 Sequence Number 為 FSN_B，表示這是 B 至 A 的 Final Sequence Number。相關資訊如下：

$SN=FSN_B$

$ACKN= SN_A$

$ACK=1$

$FIN=1$

步驟四（ACK）

客戶端 A 收到伺服端 B 的中斷連線封包，將 FSN$_B$ 加 1，設定為 Sequence Number，並將封包傳送給 B 以回應此次中斷連線要求，所以將 ACK 設定為 1。相關資訊如下：

SN=SN$_A$
ACKN= FSN$_B$+1
ACK=1
FIN=0

事實上，由於 TCP 是一種雙向傳輸的協定，在網路中任何一個裝置有可能同時扮演客戶端與伺服端的角色。在雙方同時要啟始連線時，雖然機率不大，但仍有可能發生，就是雙方所發出連線要求的封包同時抵達，這種情況稱之為「同步連線起始」（Simultaneous connection initialization）。TCP 被設計為可以處理這個狀況，當這個情況發生時，雙方都會建立連線，這個時候並沒有哪一方是「主動開啟」或「被動開啟」，雙方的地位是對等。下圖中 A 或 B 發起連線的時間並不一定是相同，但由於網路狀況不相同，而使得同步封包抵達的時間相同，此時雙方都會建立起連線，而可以彼此傳送資料：

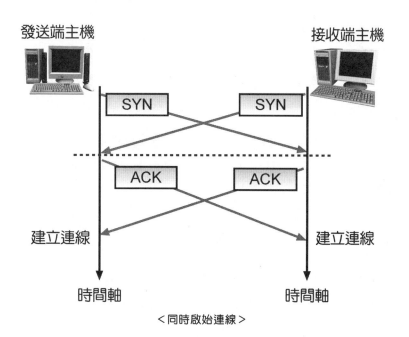

<同時啟始連線>

〔6-4〕 重送機制

我們一再強調 TCP 資料傳送的過程中所交換的訊息相當的多，但可以簡化為「確認」與「重送」兩項目的。簡單地說，只要發送端沒有收到接收端的確認封包，就認定資料沒有送達，此時必須重送封包。在正常的情況下，發送端送出 SYN 封包後，當接收端接收到封包後就會發出 ACK 封包，告訴發送端「我收到了」。就這麼一來一往不斷地進行傳送與確認，如下圖所示：

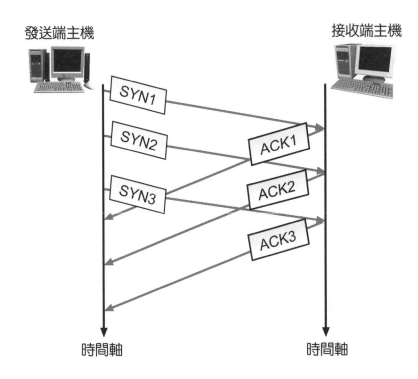

由於資料傳送過程中，中間有可能會經過許多個網路，這中間會使得資料封包發生沒有送達，或是發送端收不到接收端的確認封包，TCP 必須要能應付這些重送狀況，請看如下分析。

6-4-1 資料封包沒有送達接收端

在網路狀況不良的情況下，所丟出去的封包一直擁塞在網路上，由於接收端一直沒有得到回應，就再次丟出封包，結果使得情況更加雪上加霜。當資料

封包在傳送的過程中，由於某些因素，導致接收端重新計算錯誤檢查碼時，如果結果不是全部為 0，則認定此封包損壞而將它丟棄，或者 IP 封包於網路中轉送過多次，最後 TTL 值為 1 而被路由器丟棄，導致接收端沒有收到封包，如此一來，導致接收端沒有收到封包，發送端因此收不到確認封包，而必須要重送封包。

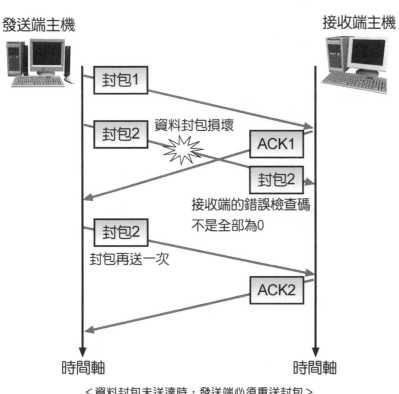

<資料封包未送達時，發送端必須重送封包>

6-4-2 確認封包沒有送達發送端

資料封包可能已經抵達接收端，也已經發出確認封包，不過確認封包卻在返回的傳輸過程中遺失，由於封包仍持續於網路上傳遞，而接收端因沒有收到回應封包，認定封包遺失，這時還是必須重送封包。

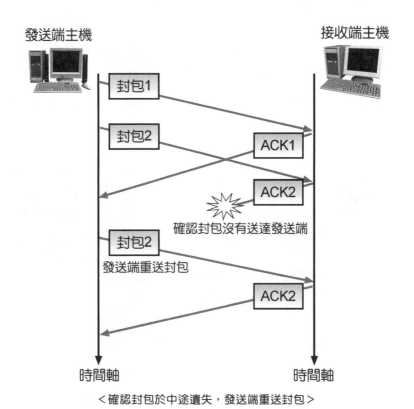

發送端主機　　　　　　　　　　　　接收端主機

封包1

封包2　　　ACK1

ACK2

確認封包沒有送達發送端

封包2

發送端重送封包

ACK2

時間軸　　　　　　　　　　　時間軸

< 確認封包於中途遺失，發送端重送封包 >

6-4-3 封包沒有連續抵達接收端

　　TCP 只會對連續抵達的封包進行應答，例如有編號 1、2、3 三個封包，其中 1、3 號封包抵達了接收端，而 2 號封包沒有抵達，此時接收端只會針對 1 號封包進行確認，由於收不到 2、3 號的確認封包，於是發送端重送 2、3 號封包。對於接收端而言，雖然封包 3 是重複收到了，如果不連續抵達的情況經常發生，會造成許多封包的重複發送。此時可使用 Option 欄位中的 SACK-Permitted 與 SACK 項目，以選擇性應答方式告知發送端有哪些封包已經送達，就可以不用重複發送。

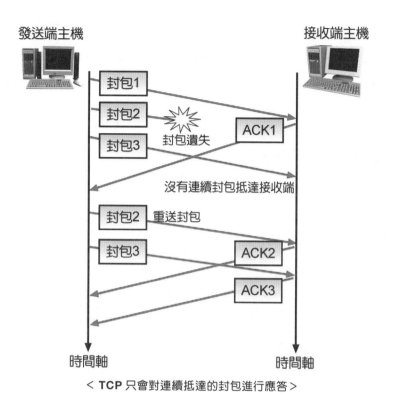

< **TCP** 只會對連續抵達的封包進行應答 >

6-5 TCP 流量控制

　　TCP 連線時會不斷地進行傳送與確認的動作，但是每發出一個封包後，就必須等待另一端的回應，結果是整個傳輸的過程中，花費在等待的時間佔了大多數，在傳輸效率並不是很好，因此 TCP 具備的另外一個重要功能就是流量控制，其最大功臣就是「滑動窗口」(Sliding window) 的大小來控制資料的傳送量。也就是說，TCP 可以根據當時的網路情況或硬體資源，利用滑動窗口的機制，隨時調整資料的傳送速度。

　　滑動窗口可以想像是個實體的窗戶，窗口開啟較大，則資料流量大，窗口開啟較小，則資料流量小。透過滑動窗口的大小來控制資料傳輸的流量，至於滑動窗口的大小可以動態更動，其數值的大小主要是由接收端告知發送端來控制，必要的時候，可以將窗口完全關閉，讓發送端就無法送出資料。要留意的

是，當滑動窗口的大小變大時，可以允許連續傳送多個封包，雖然可以獲得資料流量的大幅增加，但同時也會佔用較多的電腦資源。相對地，如果當下的硬體資源或網路忙碌時，不足以負荷過大的資量流量時，就可以改採用較小的滑動窗口。

6-5-1 滑動窗口簡介

在連線啟始時會預設滑動窗口的大小，接著再於接收端的應答封包中的 Window 欄位設定滑動窗口大小，此處假設封包送出後依序抵達，也順利的依序應答。如果使用滑動窗口，只要網路狀況沒有問題，而接收端處理封包的速度夠快，一次就可以送出多個封包或較大的資料量，因此可以加快資料的傳送，以及避免應答時間的等待，但如果接收端來不及處理封包或網路壅塞，也可以設定為較小的窗口，減少資料的送出。底下範例我們以大小固定為 4 的滑動窗口，來說明滑動窗口的設定變化。

1. 假設視窗的大小是 4 個封包，A 端開始分別送出 1~4 個封包，並開始等候 B 端的回應，如下圖所示：

2. 當 A 端收到 B 端的 ACK1 確認封包，由於封包 1 在最左邊，所以就準備移出視窗，然後移進新的封包 5。

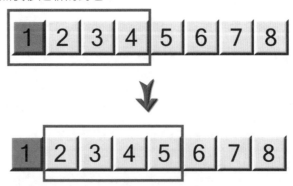

3. 接下來 A 端又連續收到 ACK2 與 ACK3 的確認封包，所以封包 2 與封包 3 移出視窗，但是封包 6 與封包 7 也逐步移進視窗。

4. A 端收到 ACK5 的確認封包，但還未收到 ACK4 的確認封包，所以繼續留在視窗內等待回應。

5. A 端收到 ACK4 的確認封包，由於封包 4 與封包 5 位於視窗最左邊，所以一起被移出視窗外，並將封包 8 與封包 9 移入視窗。

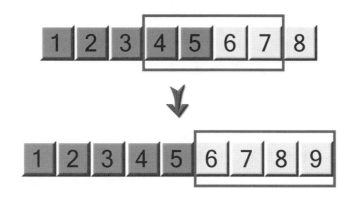

　　不過滑動窗口的大小實際上並不是以封包個數為單位，而是以位元組為單位，下圖表示了 A 端（發送端）與 B 端（接收端）之間如何進行流量控制，其中 B 端會視當下的硬體資源及網路忙碌情況，適時回應滑動窗口的大小資料給發送端主機：

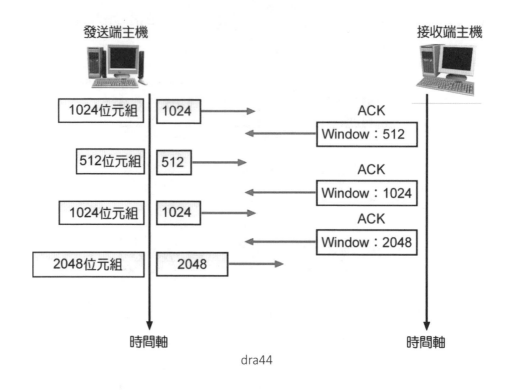

dra44

6-5-2 傳送窗口與接收窗口

前面小節所舉的滑動窗口的例子，我們只假設發送端主機加入了滑動窗口的機制，並在簡化滑動窗口機制的前題下，用實例說明滑動窗口的移出及移入的過程。不過，既然滑動窗口的機制有助於加速資料的傳送，所以在實際的應用上，不會只有 TCP 的單一方的發送端加入滑動窗口的機制，在 TCP 接收端也可以加入滑動窗口，為了區別發送端與接收端的滑動窗口名稱，我們將發送端的滑動窗口稱之為傳送窗口（Send Window），接收端的滑動窗口稱之為接收窗口（Receive Window）。

那到底接收窗口的角色和傳送窗口有何不同，以前面所介紹的例子，當 A 端（發送端）送出的封包抵達 B 端（接收端）時，封包到達 B 端的順序不一定和 A 端送出的封包順序一致，因為就可以利用 B 端的接收窗口來紀錄封包到達的情況，並只針那些連續到達的封包才發出回應（ACK）封包給 A 端，並將這些已收到的連續封包先放在緩衝區，當到達一定的量，再將這些連續封包轉

交給上一層的應用程式，以繼續下一個階段的處理。至於那些收到的非連續封包則會先行標示為已收到的封包，以等待其它陸續到達封包，連貫成一連續封包，才會將其移出接收窗口。

至於哪一種情況才屬於連續收到的封包？又哪一種情況被稱為非連續收到的封包，我們以一個例子來說明，假設封包送出的順序是以 Packet1、Packet2、Packet3…，當接收端收到封包後，會先將其標示已收到的封包，以下圖為例，我們以「黃色」來標示那些已收到的封包，則 Packet1 ～ Packet2 則稱之為連續收到的封包，至於 Packet4 ～ Packet5 及 Packet7 則為非連續收到的封包，因為這些封包的前面還有封包尚未收到，如圖中的 Packet3 封包還沒到達，我們以「淺藍色」來標示那些還沒有收到的封包。又如 Packet7 前一個封包 Packet6 也還沒有到達，所以 Packet7 也是屬於非連續收到的封包。請注意，只有連續收到的封包才會對發送端送出回應封包，並將這些連續封包先送往緩衝區，以等待轉交給上層的應用程式。

Packet1	Packet2	Packet3	Packet4	Packet5	Packet6	Packet7

我們仍以上例大小固定為 4 的滑動窗口，來說明將 A 端（發送端）與 B 端（接收端）間，傳送窗口（Send Window）與接收窗口（Receive Window）的設定變化。此例我們假設視窗的大小是 4 個封包，A 端開始分別送出 1 ～ 4 個封包，B 端接收窗口的狀態如下圖所示：

當 B 端（接收端）收到封包後，會先將該封包標示為「已收到」（我們在下面的圖示以黃色區塊表示為已收到的封包），如果該已收到的封包位於接收窗口的最左側，則會向 A 端（發送端）送出該封包對應的回應封包，並將接收窗口往右滑動一格，如果此時接收窗口最左側封包也被標示為「已收到」，則繼續向右移動一格，直到接收窗口最左邊封包沒有被標示為「已收到」為止。

此例假設 B 端封包到達的順序為封包 4, 封包 1, 封包 2, 封包 3,則底下為 B 端接收窗口的動作變化:

1. B 端先收到封包 4,所以將封包 4 標示為「已收到」,由於封包 4 並不是 B 端接收窗口最左邊的封包,所以暫時不會對 A 端送出對應的回應封包,此時也無須移動接收窗口的窗框(Window)。

2. 接著 B 端收到封包 1,所以將封包 1 標示為「已收到」,由於封包 1 是 B 端接收窗口最左邊的封包,所以必須對 A 端送出對應的回應封包,並將接收窗口的窗框向右移動一格。如下圖所示:

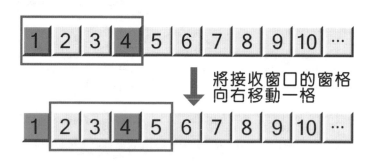

3. 接著 B 端收到封包 2,所以將封包 2 標示為「已收到」,由於封包 2 是 B 端接收窗口最左邊的封包,所以必須對 A 端送出對應的回應封包,並將接收窗口的窗框向右移動一格。如下圖所示:

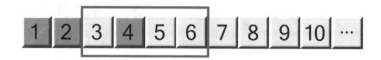

4. 接著 B 端收到封包 3，所以將封包 3 標示為「已收到」，由於封包 3 是 B 端接收窗口最左邊的封包，所以必須對 A 端送出對應的回應封包，並將接收窗口的窗框向右移動一格。然後封包 3 後面的封包 4 也已標示「已收到」，所以必須對 A 端送出對應的回應封包，再繼續將接收窗口的窗框向右移動一格。為如下圖所示：

本│章│習│題

1. 請舉出 UDP 的三種特色。

2. 通訊連接埠的功用為何？

3. 何謂 Socket 位址？

4. 何謂註冊埠號（Registered ports）？

5. UDP 的封包內容中，哪個欄位資訊最重要？為什麼？

6. 請問 TCP 有哪些特色？

7. Flags，又稱為「Code Bit」，長度為 6Bits，請問有哪六個旗標設定？

8. 何謂緊急資料指標（Urgent Pointer）？

9. 何謂連線時的「主動式關閉」與「被動式關閉」？

10. 試簡述「同步連線起始」（Simultaneous connection initialization）。

11. 請簡述滑動窗口的功用。

07
Chapter

網際網路與應用協定

　　網際網路（Internet）原本只是個不存在的虛無物體，它的組成只不過是幾條電纜，由這些電纜架構成聯結全世界的網路，而實際運作的則是連結到這個網路上無數的電腦主機。不過到了今天，網際網路已經是描繪未來的一個重要因子，它的存在已經改變很多人的工作、溝通、和商業行為。讓使用者可以從個人電腦上存取幾乎每一類資訊，也給了我們一個新的購物、研讀、工作、社交和釋放心情的新天地。網際網路（Internet）最簡單的說法，就是一種連接各種電腦網路的網路，以 TCP/IP 為它的網路標準，也就是說只要透過 TCP/IP 協定，就能享受 Internet 上所有的服務。

<網際網路系統架構圖>

ISP 是 Internet Service Provider（網際網路服務提供者）的縮寫，所提供的就是協助用戶連上網際網路的服務。像目前大部分的一般用戶都是使用 ISP 提供的帳號，透過數據機連線上網際網路，另外如企業租用專線、架設伺服器、提供電子郵件信箱等等，都是 ISP 所經營的業務範圍。

網際網路上並沒有中央管理單位的存在，而是數不清的個人網路或組織網路，這網路聚合體中的每一成員自行營運與負擔費用。Internet 的誕生，其實可追溯到 1960 年代美國軍方為了核戰時仍能維持可靠的通訊網路系統，而將美國國防部內所有軍事研究機構的電腦及某些軍方有合作關係大學中的電腦主機是以某種一致且對等的方式連接起來，這個計劃就稱 ARPANET 網際網路計劃（Advanced Research Project Agency，ARPA）。由於它的運作成功，加上後來美國軍方為了本身需要及管理方便則將 ARPANET 分成兩部分；一個是新的 ARPANET 供非軍事之用，另一個則稱為 MILNET。直到 80 年代國家科學基金會（National Science Foundatioin，NSF）以 TCP/IP 為通訊協定標準的 NSFNET，才達到全美各大機構資源共享的目的。

> **TIP**
>
> 「企業內部網路」（Intranet）是指企業體內的 Internet，將 Internet 的產品與觀念應用到企業組織，透過 TCP/IP 協定來串連企業內外部的網路，以 Web 瀏覽器作為統一的使用者界面，更以 Web 伺服器來提供統一服務窗口。服務對象原則上是企業內部員工，並使企業體內部各層級的距離感消失，達到良好溝通的目的。「商際網路」（Extranet）是為企業上、下游各相關策略聯盟企業間整合所構成的網路，需要使用防火牆管理，通常 Extranet 是屬於 Intranet 的一個子網路，可將使用者延伸到公司外部，以便客戶、供應商、經銷商以及其它公司，可以存取企業網路的資源。

7-1 全球資訊網（WWW）-Web

由於寬頻網路的盛行，熱衷使用網際網路的人口也大幅的增加，而在網際網路所提供的服務中，又以「全球資訊網」（WWW）的發展最為快速與多元化。「全球資訊網」（World Wide Web，WWW），又簡稱為 Web，一般將 WWW 唸成「Triple W」、「W3」或「3W」，它可說是目前 Internet 上最流行的一種新興工具，它讓 Internet 原本生硬的文字介面，取而代之的是聲音、文字、影像、圖片及動畫的多元件交談介面。

<全球資訊網上充斥著各式各樣的網站>

　　WWW 主要是由全球大大小小的網站所組成的，其主要是以「主從式架構」（Client ／ Server）為主，並區分為「用戶端」（Client）與「伺服端」（Server）兩部份。WWW 的運作原理是透過網路客戶端（Client）的程式去讀取指定的文件，並將其顯示於您的電腦螢幕上，而這個客戶端（好比我們的電腦）的程式，就稱為「瀏覽器」（Browser）。目前市面上常見的瀏覽器種類相當多，各有其特色。

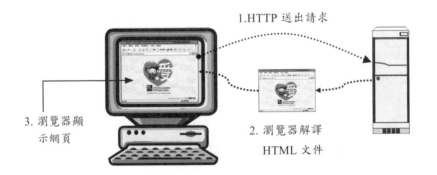

1.HTTP 送出請求

3. 瀏覽器顯
　示網頁

2. 瀏覽器解譯
　 HTML 文件

　　例如我們可以使用家中的電腦（客戶端），並透過瀏覽器與輸入 URL 來開啟某個購物網站的網頁。這時家中的電腦會向購物網站的伺服端提出顯示網頁內容的請求。一旦網站伺服器收到請求時，隨即會將網頁內容傳送給家中的電腦，並且經過瀏覽器的解譯後，再顯示成各位所看到的內容。

7-1-1 全球資源定位器（URL）

當各位打算連結到某一個網站時，首先必須知道此網站的「網址」，網址的正式名稱應為「全球資源定位器」（URL）。簡單的說，URL 就是 WWW 伺服主機的位址用來指出某一項資訊的所在位置及存取方式。嚴格一點來說，URL 就是在 WWW 上指明通訊協定及以位址來享用網路上各式各樣的服務功能。使用者只要在瀏覽器網址列上輸入正確的 URL，就可以取得需要的資料，例如「http://www.yahoo.com.tw」就是 yahoo! 奇摩網站的 URL，而正式 URL 的標準格式如下：

> protocol://host[:Port]/path/filename

其中 protocol 代表通訊協定或是擷取資料的方法，常用的通訊協定如下表：

通訊協定	說明	範例
http	HyperText Transfer Protocol，超文件傳輸協定，用來存取 WWW 上的超文字文件（hypertext document）。	http://www.yam.com.tw（蕃薯藤 URL）
ftp	File Transfer Protocol，是一種檔案傳輸協定，用來存取伺服器的檔案。	ftp://ftp.nsysu.edu.tw/（中山大學 FTP 伺服器）
mailto	寄送 E-Mail 的服務。	mailto://eileen@mail.com.tw
telnet	遠端登入服務。	telnet://bbs.nsysu.edu.tw（中山大學美麗之島 BBS）
gopher	存取 gopher 伺服器資料。	gopher://gopher.edu.tw/（教育部 gopher 伺服器）

host 可以輸入 Domain Name 或 IP Address，[:port] 是埠號，用來指定用哪個通訊埠溝通，每部主機內所提供之服務都有內定之埠號，在輸入 URL 時，它

的埠號與內定埠號不同時，就必須輸入埠號，否則就可以省略，例如 http 的埠號為 80，所以當我們輸入 yahoo! 奇摩的 URL 時，可以如下表示：

http://www.yahoo.com.tw:80/

由於埠號與內定埠號相同，所以可以省略「:80」，寫成下式：

http://www.yahoo.com.tw/

7-1-2　Web 演進史

隨著網際網路的快速興起，從最早期的 Web 1.0 到邁入 Web 3.0 的時代，每個階段都有其象徵的意義與功能，對人類生活與網路文明的創新也影響越來越大，尤其目前進入了 Web 3.0 世代，帶來了智慧更高的網路服務與無線寬頻的大量普及，更是徹底改變了現代人工作、休閒、學習、行銷與獲取訊息方式。

Web 1.0 時代受限於網路頻寬及電腦配備，對於 Web 上網站內容，主要是由網路內容提供者所提供，使用者只能單純下載、瀏覽與查詢，例如我們連上某個政府網站去看公告與查資料，只能乖乖被動接受，不能輸入或修改網站上的任何資料，單向傳遞訊息給閱聽大眾。

Web 2.0 時期寬頻及上網人口的普及，其主要精神在於鼓勵使用者的參與，讓網民可以參與網站這個平臺上內容的產生，如部落格、網頁相簿的編寫等，這個時期帶給傳統媒體的最大衝擊是打破長久以來由媒體主導資訊傳播的藩籬。PChome Online 網路家庭董事長詹宏

< 部落格是 Web 2.0 時相當熱門的新媒體創作平臺 >

志就曾對 Web 2.0 作了個論述：如果說 Web1.0 時代，網路的使用是下載與閱讀，那麼 Web2.0 時代，則是上傳與分享。

在網路及通訊科技迅速進展的情勢下，我們即將進入全新的 Web 3.0 時代，Web 3.0 跟 Web 2.0 的核心精神一樣，仍然不是技術的創新，而是思想的創新，強調的是任何人在任何地點都可以創新，而這樣的創新改變，也使得各種網路相關產業開始轉變出不同的樣貌。Web 3.0 能自動傳遞比單純瀏覽網頁更多的訊息，還能提供具有人工智慧功能的網路系統，隨著網路資訊的爆炸與泛濫，整理、分析、過濾、歸納資料更顯得重要，網路也能越來越了解你的偏好，而且基於不同需求來篩選，同時還能夠幫助使用者輕鬆獲取感興趣的資訊。

< **Web 3.0** 時代，許多電商網站還能根據網路社群來提出產品建議 >

TIP 人工智慧（Artificial Intelligence，AI）的概念最早是由美國科學家 John McCarthy 於 1955 年提出，目標為使電腦具有類似人類學習解決複雜問題與展現思考等能力，例如推理、規劃、問題解決及學習等能力。

7-2 電子郵件

電子郵件（Electronic Mail，E-Mail），就是一種可利用文書編輯器所產生的檔案，透過網際網路連線，將信件在數秒內寄至世界各地。電子郵件的使用在今日已十分的盛行，在過去要讀取電子郵件還得透過工作站來讀取，且必須執行某些特定指令，今日則有各種「使用者代理程式」（User Agent）及「郵件傳輸代理程式」（Mail Transfer Agent，MTA）代為處理發送，甚至 Web 介面的郵件信箱也逐漸成為一種主流。電子郵件的傳送必須透過通訊協定，才能在網際網路上進行傳輸，常見的通訊協定整理如下：

用途	通訊協定	說明
收信	POP3	POP3 的全名是 Post Office Protocol Version 3，負責提供信件下載服務。一般電子郵件多採用此通訊協定，收信時會將伺服器上的郵件下載至使用者的電腦，一般 POP3 和各位電子郵件後的 DNS 位址相同。要瞭解 POP3 運作的過程，最快的方法還是親自進行連線與指令操作，POP3 利用的 TCP 連接埠是 110，同樣的請您使用命令提示字元進行 Telnet，開啟本機回應，並連上一台提供 POP3 服務的伺服器。
	HTTP	Web Mail 即採用此通訊協定，收信時只下載郵件寄件人和標題，等使用者打開信件才傳送完整的郵件內容。
	IMAP	類似 HTTP，但不需透過網站伺服器，處理郵件的速度會較快，可直接在郵件伺服器上編輯郵件或收取郵件的協定，但較不普及。例如 UNIX 的郵件伺服器即採用此通訊協定。
	MAPI	微軟制定的郵件通訊協定，必須和 Outlook 搭配使用。
送信	SMTP	寄送郵件統一採用此通訊協定，通常取決於您上網的 ISP 所提供的郵件伺服器位址。SMTP 具有發信的功能，不過使用者無法使用郵件代理程式將信件下載至自己的電腦中，要下載信件必須伺服器提供有 POP3 服務。

電子郵件的運作機制，首先是寄件人從自己的電腦使用電子郵件軟體送出郵件。這時電子郵件會先經過寄件人所在的郵件伺服器 1 確認無誤後，再透過網際網路將郵件送至收件人所在的郵件伺服器 B。

寄信(SMTP)　　　　　　　　寄信(SMTP)

收信(POP3)　　　　　　　　收信(POP3)

電腦A　　　　郵件伺服器A　　郵件伺服器B　　　　電腦B

接著郵件伺服器 B 會將接收到的電子郵件分類至收件人的帳號，等待收件人登入存取郵件。收件人從自己的電腦使用電子郵件軟體傳送存取郵件的指令至郵件伺服器 B，在驗證使用者帳號和密碼無誤後，即允許收件人開始下載郵件。

目前常見的電子郵件收發方式，可以分為兩類；POP3 Mail（如 Microsoft 的 Outlook）及 Web-Based Mail。POP3 Mail 是傳統的電子郵件信箱，通常由使用者的 ISP 所提供，這種信箱的特點是必須使用專用的郵件收發軟體，如電子郵件軟體 Outlook。Web-Based 是在網頁上使用郵件服務，具備了基本的郵件處理功能，包括寫信、寄信、回覆信件與刪除信件等等，只要透過瀏覽器就可以隨時收發信件，走到哪收到哪。

Web Based Mail 這種電子郵件信箱則是目前網路上免費電子郵件（例如 Gmail）的大宗，它的特點在於：使用瀏覽器來收發郵件，所以我們能在可以上網的電腦進行郵件的收發與管理。其操作方式如同瀏覽網頁一樣地簡易；同時申請好帳號不必進行煩人的設定工作即可進行郵件的收發。缺點是郵件擺在遠端電腦主機上集中管理，要閱讀信件一定得先上網。

　　Gmail 就是一種 Google 所推出的新型態網頁（Web-Based）電子郵件，提供了超大量的免費儲存空間，您不用擔心硬碟空間不足，而花很多時間刪除郵件。同時，由於 Gmail 使用 Google 獨創的技術，還可以輕易擋下垃圾郵件。

7-3　遠端登入（Telnet）與 檔案傳輸服務（FTP）

　　當處理資料的主機與負責資料輸出／入的終端機不在同一個地理位置時，我們可以採用「遠端登入」的方式來執行整個系統的運作。Telnet（Telecommunications Network Protocol）稱之為「通訊網路協定」，它可算是個歷史悠久的應用層通訊協定，最早可從 1969 年的 ARPNET 開始追溯，其實您一定使用過 Telnet，一般文字介面的電子佈告欄（BBS），就是利用 Telnet 來進行登入與各種操作。

Telnet 是透過 TCP/IP 協定來進行一個 Telnet 客戶端（Client）與伺服端（Server）連結，在伺服端與客戶端各有一個終端機驅動程式，客戶端的終端機程式在目前可說是每一個作業系統所必備，在 Windows 系統中可以在「命令提示字元」中使用 Telnet 程式。

❸ Telnet 客戶端

當使用者於鍵盤上鍵入字元時，作業系統的終端機驅動程式會解釋這些字元，並將這些操作訊息交由 Telnet 客戶端程式。接著 Telnet 客戶端程式會將這些操作訊息轉換為 NVT 字元集，然後交由下層的通訊協定 TCP 與 IP 加以包裝（Packed），並且傳送出去。

❸ Telnet 伺服端

當伺服端的 IP 層與 TCP 層處理完各自的資訊後，會將剩下的訊息交由 Telnet 伺服端程式處理。Telnet 伺服端程式把當中的操作訊息轉換為伺服端的終端機標準，並交給虛擬終端機。虛擬終端機再根據這些操作訊息來執行客戶端所提出的種種要求。

7-3-1 FTP 檔案傳輸服務

FTP（File Transfer Protocol）是一種常見的檔案傳輸協定，透過此協定，不同電腦系統，也能在網際網路上相互傳輸檔案。Telnet 只使用一個連接埠進行資料的傳輸，而 FTP 則使用兩個連接埠，FTP 使用兩個連接埠來進行連線控制與資料傳輸，連線控制的連接埠隨時保持傾聽的狀態，以接受使用者的連線請求，而資料連接埠則是在必要的時候執行開啟或關閉的動作。

檔案傳輸分為兩種模式：下載（Download）和上傳（Upload）。下載是從 PC 透過網際網路擷取伺服器中的檔案，將其儲存在 PC 電腦上。而上傳則相反，是 PC 使用者透過網際網路將自己電腦上的檔案傳送儲存到伺服器電腦上。FTP 使用時最簡單的方法就是透過網際網路瀏覽器（例如 IE）連上 FTP 網站，進而尋找需要的檔案。需要下載檔案時，也可以直接使用 IE 功能儲存檔案到使用者電腦中。我們以 FTP 檔案傳輸軟體為例，帶領使用者尋找 IE 之外好用的中文化 FTP 傳輸軟體：

1. 進入 ftp://ftp.tku.edu.tw 網站

2. 如果不知道所需檔案類別檔名，可以開啟 index.html 檔案尋找

7-4 點對點模式（Peer to Peer，P2P）

　　早期各位在網路上下載資料時都是連結到伺服器來進行下載，也由於檔案資料都是存放在伺服器的主機上，若是下載的使用者太多或是伺服器故障，就會造成連線速度太慢與無法下載的問題：

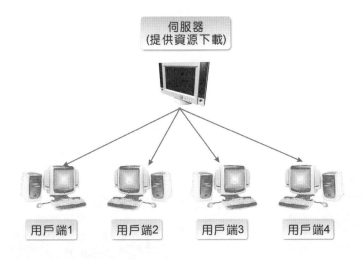

　　P2P 模式則是讓每個使用者都能提供資源給其他人，也就是由電腦間直接交換資料來進行資訊服務，P2P 網路中每一節點所擁有的權利和義務是對等的。自己本身也能從其他連線使用者的電腦下載資源，以此構成一個龐大的網路系統。至於伺服器本身只提供使用者連線的檔案資訊，並不提供檔案下載的服務（如圖）：

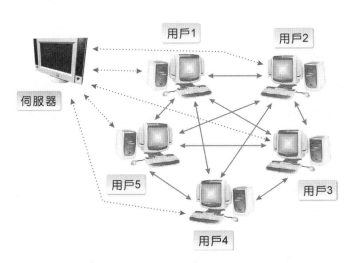

P2P 模式具有資源運用最大化、直接動作和資源分享的潛力，例如即時傳訊（Instant Messenger）服務就是一種 P2P 的模式。由於投入開發 P2P 軟體的廠商相當多，且每家廠商實作的作法上有一些差異，因此形成了各種不同的 P2P 社群。在不同的 P2P 社群中，通常只允許使用者使用特定的 P2P 軟體，檔案分享是目前 P2P 軟體最主要的一種應用，因此有幾種不同類型的 P2P 軟體產生，例如 BitTorrent（BT）、emule、ezPeer+ 等。其中 ezPeer+ 是經各大唱片公司合法授權的音樂娛樂軟體，ezPeer 要改名成 myMusic，擁有百萬首曲庫的線上音樂服務，新名字迎向更激烈的個人雲端音樂市場戰。如果想要下載該軟體，可連至該軟體的官方首頁，如下圖所示：

< **myMusic** 官網畫面 >

雖然我們知道 P2P（Peer to Peer）是一種點對點分散式網路架構，可讓兩台以上的電腦，儘管本身只提供使用者連線的檔案資訊，並不提供檔案下載的服務，可是凡事有利必有其弊，如今的 P2P 軟體儼然成為非法軟體、影音內容及資訊文件下載的溫床。雖然在使用上有其便利性、高品質與低價的優勢，不過也帶來了病毒攻擊、商業機密洩漏、非法軟體下載等問題。在此特別提醒讀者，要注意所下載軟體的合法資訊存取權，不要因為方便且取得容易，就造成侵權的行為。

TIP 例如比特幣是一種不依靠特定貨幣機構發行的全球通用加密電子貨幣，就是通過特定演算法大量計算產生的一種 P2P 形式虛擬貨幣，它不僅是一種資產，還是一種支付的方式。此外，隨著金融科技（FinTech）熱潮席捲全球，P2P 網路借貸（Peer-to-Peer Lending）是由一個網路平台作為中介業務，和傳統借貸不同，特色是個體對個體的直接借貸行為，如此一來金錢的流動就不需要透過傳統的銀行機構，主要是個人信用貸款，網路就能夠成為交易行為的仲介。

7-5 網路電話（VoIP）

網路電話（IP Phone）是利用 VoIP（Voice over Internet Protocol）技術將類比的語音訊號經過壓縮與數位化（Digitized）後，以數據封包（Data Packet）的型態在 IP 數據網路（IP-based data network）傳遞的語音通話方式，取代傳統電話，與他人進行語音交談，只要能夠連上網，就可以撥打電話給同在網路上的任一親朋好友。VoIP 大致可分為 PC-to-PC、PC-to-Phone、Phone-to-Phone 三種，PC-to-PC 的 VoIP 軟體最有名的就屬 Skype 軟體了。

Skype 是一套使用語音通話的軟體，它以網際網路為基礎，讓線路二端的使用者都可以藉由軟體來進行語音通話，透過 Skype 可以讓你與全球各地的好友或客戶進行聯絡，甚至進行視訊會議與通話。最新版的通話品質比以前更好，不會出現語音延遲的現象，要變更語音設備也相當的簡單，無須再重新設定硬體設備，而且在 iPhone、Android 以及 Windows、Phone 上都可以使用Skype。

想要使用 Skype 網路電話，通話雙方都必須具備電腦與 Skype 軟體，而且要有麥克風、耳機、喇叭或 USB 電話機，如果想要看到影像，則必須有網路攝影機（Web CAM）及和高速的寬頻連線，要能視訊的效果較佳，電腦最好可以使用 2.0 GHz 雙核心處理器。目前的 Skype 功能可以與 Messenger 上的好友一同在 Skype 暢談，也就是說，你也可以用 Messenger ID 登入 Skype，並可以同時和 Skype 和 Windows Live Messenger、Outlook 及 Hotmail 上的聯絡人，進行

即時通訊和視訊。還有一項功能就是支援最多可 10 人同時進行多方視訊通話，對於有許多朋友位於異地進行開會或舉辦跨域性活動，是一套相當不錯的視訊工具。

7-6 串流媒體技術

傳統的網路影音傳輸往往受限於網路頻寬問題，如果是直接在網路播放視訊影片，常常會有畫面不流暢或畫質粗糙的問題。通常必須先將檔案完整下載，存放到用戶的硬碟中，除了佔據硬碟空間外，也必須等待一段下載的時間，唯一優點是可以觀賞到較好的畫面品質。隨著寬頻網路的快速普及，串流的興起正是為了解決上述問題所研發出來的一項技術，因為它具有立即播放與鎖定特定對象傳播的特性。

網路影音串流正顛覆我們的生活習慣，數位化高度發展打破過往電視媒體資源稀有的特性，正邁向提供觀眾電視頻道外的選擇。所謂串流媒體（Streaming Media）是近年來熱門的一種網路多媒體傳播方式，技術原理就是把連續的影像和聲音資訊經過壓縮處理，接著把這些影音檔案分解成許多小封包（Packets），再將資料流不斷地傳送到用戶端伺服器。使用者端的電腦上也同

時建立一個緩衝區,再利用網路上封包重組技術,於播放前預先下載一段資料作為緩衝。當網路實際連線速度小於播放所耗用的速度時,串流媒體播放程式就會取用這一小段緩衝區內的資料,也就是在收到各媒體檔案部分後即進行播放,而不是等到整個檔案傳輸完畢才開始播放,避免播放的中斷,即時呈現在用戶端的螢幕上。

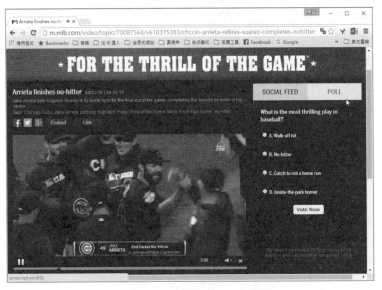

<許多球賽時況轉播都是使用串流技術>

用戶可以依照頻寬大小來選擇不同影音品質的播放,而不需要等整個壓縮檔下載到自己電腦後才可以觀看。目前一些串流媒體廠商就開發了自有的格式,以符合串流媒體傳輸上的需求,例如微軟的 WMV、WMA、ASF,RealNetwork 的 RM、RA、RAM,以及 Apple 所推出的 MOV 檔案等。

例如「網路電視」(Internet Protocol Television,IPTV)就是一種利用機上盒(Set-Top-Box,STB),透過網際網路來進行視訊節目的直播,就是一種串流技術的應用,可以提供用戶在任何時間、任何地點可以任意選擇節目的功能,而且終端設備可以是電腦、電視、智慧型手機、資訊家電等各種多元化平台,不過影片播放的品質高寡還是會受到網路服務和裝置性能上的限制。

<知名的網路電視串流平台 -**Netflix** 網飛正式進駐台灣>

本│章│習│題

1. 試說明 URL 的意義。

2. 檔案傳輸分為兩種模式可分為那兩種？

3. 何謂網路電話（IP Phone）？

4. 試評論 P2P 軟體的優缺點。

5. 請簡述串流技術的原理。

網際網路與應用協定

08

Chapter

認識 DNS 與架構說明

今日的網路世界中，IP 位址提供了網路裝置連接至網路所必須的邏輯位址，由於 IP 位址是由一連串的數字所組成，但是這樣的數字並不適宜人類記憶。為了方便 IP 位址的記憶與使用，於是想出了在連線指定主機位址時，直接以實際的英文縮寫名稱來取代 IP 位址的使用。例如使用類似 www.zct.com.tw 這樣的「網域名稱」（Domain Name），您就可以得知這是用來連接至榮欽科技的網站。

<榮欽科技官網>

8-1 DNS 簡介

我們來請教各位一個顯而易見的小問題，如果各位讀者想連上台灣大學的全球資訊網服務，請問以下兩種位址指定方式哪種您較容易記憶？

- 140.112.8.130

- www.ntu.edu.tw

後者的網址指定方式就稱為「網域名稱」（Domain Name），它的解讀方式是由後面往前面，皆以英文縮寫來加以代表，「tw」代表台灣地區，「edu」代表教育單位，「ntu」代表台灣大學的英文名稱縮寫，「www」則表示此網站所提供的是全球資訊網服務，這樣的名稱不僅具有實質意義而且容易記憶，不過要將這個名稱轉換為實際的 IP 位址，就必須透過 DNS 伺服器（Domain Name Server，DNS）的轉換，在今日的網際網路上，有數量相當多提供這種服務的伺服器正在運作。

8-1-1 完整網域名稱（FQDN）介紹

為了表示網際網路上的一個主機位址，我們通常會以所謂的「完整網域名稱」（Fully Qualified Domain Name，FQDN）來表示。它主要由「主機名稱」、「網域名稱」及「.」符號所組成，如果名稱不包括這個「.」，則稱為「部份完整網域名稱」（Partially Qualified Domain Name，PQDN），以下列出 FQDN 與 PQDN 的差別：

```
www.zct.com.tw.          FQDN（以 . 作為結束）
www.zct.com.tw           PQDN（沒有 . 作為結束）
```

就拿「www.zct.com.tw.」（榮欽科技）這個完整網域名稱網址來說，「www」表示 web 伺服器的主機名稱；而「zct」、「com」和「tw」都表示 web 伺服器所在的網域名稱（這是因為 DNS 採用階層式結構）。另外，在各個名稱的後面必須加上「.」符號，如此才算是一個完整網域名稱。

各位可能立刻會有一個疑問，最後一個「.」是做什麼用的？這個「.」代表 DNS 架構中未命名的「根網域」（Root Domain），在各個名稱的後面必須加上「.」符號，才算是一個完整網域名稱。我們平時輸入網址名稱並不會輸入「.」，因為網路應用程式通常會適時地為我們補上，而成為一個 FQDN；一個 FQDN 包括「.」最長不得超過 255 個字元，而且主機名稱或網域名稱也不得超過 63 個字元。

這樣的作法在早期網際網路上整個連結的電腦數目還相當的少，在 DNS 還沒出現之前就已經在使用，當時是由史丹福研究協會（Stanford Research Institute，SRI）所提出的單層名稱空間，作法就只是在電腦中編輯一個 Host 檔案（Host file），包括了電腦 IP 位址與名稱，每台電腦如果要作 FQDN 名稱與 IP 位址的對照，就必須擁有自己的 Host 檔案。它的格式如下所示：

```
140.112.8.130 www.ntu.edu.tw.
```

每台連上網路的電腦如果要將電腦名稱解析為 IP 位址，就必須下載這個檔案，若要新增電腦名稱，必須通知 SRI 更新檔案，再重新下載新版本的檔案並加以更新，這個方法如果放在現有的網路規模來看，會發現以下兩個問題：

1. **名稱重覆與版本問題**：非階層式的檔案管理方式，隨著主機數目的增加，名稱重覆的問題將無可避免。而且如果有新增或刪除電腦名稱，所有的電腦都必須更新檔案，容易發生版本不一的問題。

2. **耗費網路資源**：每次更新檔案之後，所有的主機都必須下載更新後的檔案，以今日的電腦主機數量之驚人來看，勢必耗費驚人的網路資源。

為了解決以上幾個問題，在後來網路的發展過程中提議以階層式的名稱管理方式來管理電腦名稱，在 RFC 1034 與 RFC 1035 中描述了今日所使用的 DNS 服務，它採取分散式資料庫的方式來儲存電腦名稱與 IP 位址對應，網路上的所有電腦都可以向 DNS 伺服器查詢以獲得 IP 位址對照。

8-1-2 網域名稱

我們知道網路上辨別電腦節點的方式是利用 IP Address，而一個 IP 共有四組數字，很不容易記，因此我們可以使用一個有意義又容易記的名字來命名，這個名字我們就叫它「網域名稱（Domain Name）」。「網域名稱」的命名方式，是以一組英文縮寫來代表以數字為主的 IP 位址。而其中負責 IP 位址與網域名稱轉換工作的電腦，則稱為「網域名稱伺服器」（Domain Name Server，DNS）。這個網域名稱的組成是屬於階層性的樹狀結構。網域名稱共包含有以下四個部分：

主機名稱 . 機構名稱 . 機構類別 . 地區名稱

例如榮欽科技的網域名稱如下：

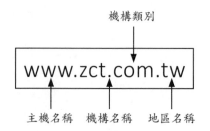

以下網域名稱中各元件的說明：

元件名稱	特色與說明
主機名稱	指主機在網際網路上所提供的服務種類名稱。例如提供服務的主機，網域名稱中的主機名稱就是「www」，如 www.zct.com.tw，或者提供 bbs 服務的主機，開頭就是 bbs，例如 bbs.ntu.edu.tw。
機構名稱	指這個主機所代表的公司行號、機關的簡稱。例如 zct（榮欽科技）、微軟（microsoft）。
機構類別	指這個主機所代表單位的組織代號。例如 www.zct.com.tw，其中 com 就表示一種商業性組織。
地區名稱	指出這個主機的所在地區簡稱。例如 www.zct.com.tw（榮欽科技的網站），這個 tw 就是代表台灣）。

　　每一個網域名稱都是唯一的，不能夠重覆，因此每一個網域名稱都需要經過申請才能使用，國際上負責審核網域名稱的單位是「網際網路名稱與號碼分配組織（Internet Corporation for Assigned Names and Numbers，簡稱 ICANN）」，在我國負責的單位是「財團法人台灣網路資訊中心（Taiwan Network Information Center，稱 TWNIC）」。

https://www.twnic.net.tw/index4.php

TWNIC 提供許多不同網域名稱的申請，包括：.tw、com.tw、net.tw、org.tw、idv.tw、game.tw、ebiz.tw、club.tw、中文.台灣網站，您可以查看底下的網頁內容查查您心中的網域名稱被登記了沒，以進一步選擇申請適合您或貴公司的網域名稱。

https://www.twnic.net.tw/dnservice.php

至於如何快速、正確的申請域名，可以參考台灣網域註冊管理中心的頁面說明：https://www.taiwandns.com/domain/check.php

8-2 DNS 架構說明

當主機以 FQDN 對 DNS 伺服器要求對照 IP 位址時，這個動作稱之為「正向名稱查詢」（Forward Name Query），而 DNS 伺服器進行查詢的動作就稱之為「正向名稱解析」（Forward Name Resolution）。今日網路上的主機數量簡直多如過江之鯽，如果將所有的查詢工作交由一台 DNS 伺服器來負責，對伺服器來說，絕對是個很大的負擔，並且客戶端也需要花費很的多時間來等待查詢。萬一這台主機故障，那豈不是要害得所有的電腦都無法連接到各主機。因此 DNS 是由許多的網域所組成，在建構時是採取階層式的管理方式，結構中每一個節點代表一個「標籤」（Label），標籤當中包括了一個「網域名稱」（Domain Name）。

「網域」（Domain）是表示 DNS 樹狀架構中的一顆子樹，每個節點都可以定義一個網域，每個網域下又可以分作數個子網域。目前 DNS 的階層架構基本上分為四個層次：根網域（Root Domain）、頂層網域（Top Level Domain）、第二層網域（Second Level Domain）與主機（Host），說明如下：

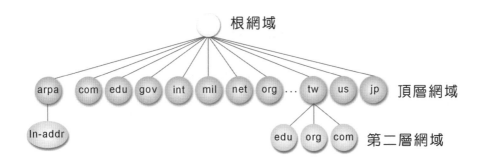

8-2-1 根網域

「根網域」（Root Domain）為 DNS 最上層未命名的網域，也就是一個空字串，當下層的 DNS 無法對照某個名稱時，可尋求根網域的協助，它會由上往下找尋主機名稱，如果該主機確實有登記，就一定找得到相對應的 IP 位址。網際網路上目前有 13 個根伺服器，根網域伺服器以英文字母 A 到 M 依序命名，

根伺服器被廣泛的分散，其名稱為 A.ROOT-SERVERS.NET 到 M.ROOT-SERVERS.
NET，它儲存了頂層網域的相關資訊。

8-2-2 頂層網域（Top Level Domain）

DNS 是採取樹狀階層式的網域名稱空間（Domain Name Space）來管理所有
的電腦名稱，每個分支或節點都代表了一個已命名的網域，頂層網域如果從橫
的方向來看，可以分為「國家網域」、「一般網域」與「反向網域」如下圖所示：

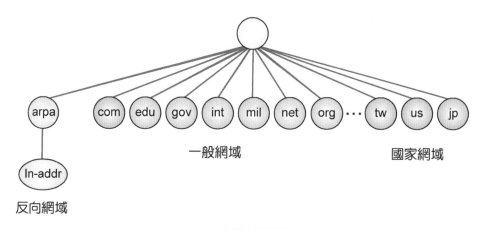

< **DNS** 的橫向區分圖 >

兩個字元的網域名稱稱之為「國家網域」，以國家名稱為主，也稱為 ccTLD
（country code TLD），主要是根據 ISO 3166 中所制定的「國碼」或「地理網
域」來區分，例如美國是「us」，台灣是「tw」，唯一的例外是英國，以「uk」
做為頂層網域名稱。常用的國家網域名稱如下：

地區名稱代號	國家或地區名稱
at	奧地利
fr	法國
ca	加拿大
be	比利時
jp	日本

三個字元的網域稱為「一般網域」或「通用網域」,也稱之為gTLD
(Generic Top Level Domain),主要以組織的性質來作為命名的方式,所以又
稱為「組織網域」(Organization Domain)。一般網域則是依組織的性質來區
分,包括了商業組織(com)、教育單位(edu)、政府機關(gov)、網路機構
(net)等等。下圖所顯示的只是最初所訂立的七個領域名稱,這部份的名稱必
須經由ICANN通過,才能夠合法使用,而ICANN也會視實際需要提出一些新的
名稱,隨著時代的演進,還陸續增加有許多新的名稱。常用的機構類別與地區
名稱簡稱如下:

名稱	說明
com	商業組織,例如 www.amazon.com。
edu	教育單位,例如 www.nyu.edu。
gov	政府機構,例如 www.fbi.gov。
int	國際組織,www.nato.int。
mil	美國軍事組織,stinet.dtic.mil。
net	網路管理、服務機構,www.internic.net。
org	財團法人、基金會等非官方機構,例如 www.wto.org。

🔧 反向網域

反向網域主要是用來以IP位址反向查詢網域名稱;在有些情況下,主機
會需要以IP位址來反查詢主機的網域名稱,這個動作稱之為「反向名解查詢」
(Reverse Name Query),而伺服器回應查詢的動作就稱之為「反向名稱解析」
(Reverse Name Resolution)。

它可以指定IP位址來取得主機所對應的名稱,在查詢時採用與一般查詢相
同的訊息格式,所不同的是所查詢的是一個「反向指標詢問」(PTK)記錄。在
主機名稱被建立之後,在「arpa」頂層網域下的「in-addr」網域,會有一份相
對應的IP位址,也就是它是從arpa(起源於ARPANET)這個頂層網域開始,而
第二個節點為in-addr,表示反向位址,接下來的階層是網路識別碼、主機識別
碼。以130.8.112.140為例,它的對應架構如圖所示:

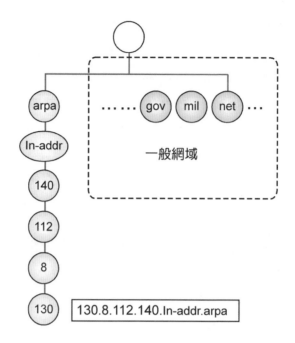

當進行逆向查詢時，名稱由架構中的最底層開始寫起，所以所得到的名稱為 130.8.112.140.in-addrarpa。

8-2-3 第二層網域（Second Level Domain）

第二層網域分別屬於各自的頂層網域管理之下，例如在台灣地區下所也會有政府機構、商業組織等主機網站，而以「org.tw」、「com.tw」來加以命名，這一層網域下的名稱開放給所有的使用者申請，但是名稱不得重覆，也是 DNS 系統中最重要的部分，例如「drmaster.com.tw.」或「pchome.com.tw.」。雖然網域名稱可以自行命名，但是限制同一網域內不得有相同的名稱，必須是唯一且不能重複的網域名稱，在台灣是由「台灣資訊網路中心」（http://www.twnic.net.tw/）加以管理。

8-2-4 主機

主機（Host）屬於第二層網域之下的名稱，使用者可以向各個網域的管理者由請所須的主機名稱，或繼續往下區分為更多網域，網路管理人員可以自行

規劃與命名，但同一網域內的主機名稱仍不得重覆，網域名稱最多不得超過 255 個字元。例如「www.abc.com.tw.」或「mail.abc.com.tw.」等，只要在同一個網域內的主機名稱不要重複就可以了，如果還有需要的話，還可以自行劃分子網域。例如在「zct.com.tw.」這個網域下，還可以劃分出子網域名稱給各部門使用，就像劃分出子網域「sales.zct.com.tw.」，如果在此子網域下有台主機名稱為 justin，則該主機的 FQDN 就是「justin.sales.zct.com.tw.」。

8-3 DNS 區域管理

在 DNS 的樹狀架構中，雖然每一個節點都有 DNS 伺服器來負責該網域的網域名稱對照，但是實際上 DNS 伺服器並不是以網域為單位來進行管理，而是以「區域」（Zone）為實際的管理單位。簡單來說，區域才是 DNS 伺服器的實際廣轄範圍。「區域」（Zone）的觀念與「網域」略有不同，「區域」是每個 DNS 伺服器真正管理的範圍，簡單的說，它可以視為 DNS 伺服器所管理下一層主機範圍，並沒有下一層子網域。當節點以下不再劃分子網域時，區域大小就等於網域大小，換言之，區域可能小於或等於網域，但絕不能大於網域。如下圖所示：

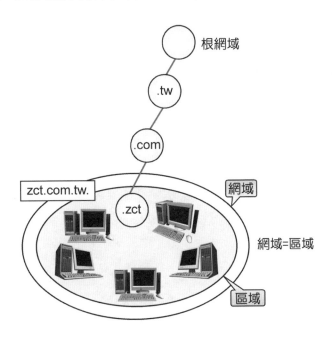

認識 DNS 與架構說明

在劃分區域管理的時候，兩個區域間必須是互相「連續」（Contiguous），而且連接上下層且鄰接的節點，如果沒有連續與上下層隸屬關係的網域，就不能劃分為同一個區域來加以管理。如下圖所示：

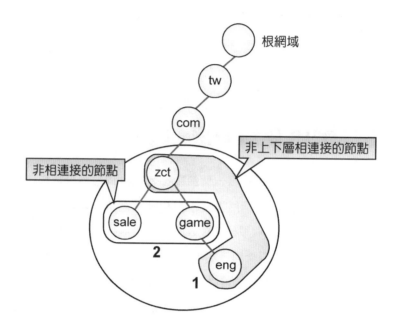

左邊區塊 2 非上下層隸屬關係與右邊區塊 1 沒有連續，所有兩者都不能形成一個區域。

8-3-1　DNS 伺服器種類

一個網域中的資訊被分為多個「區域」（Zone）單元，它是 DNS 的主要複製單位，每個區域必須由一個伺服器加以管理。為了避免 DNS 伺服器故障導致無法進行名稱解析的動作，一個區域的資料可以由多部 DNS 伺服器來維護，這些伺服器按照功能來區分，主要可以分為：「主要名稱伺服器」（Primary Name Server）、「次要名稱伺服器」（Secondary Name Server）與「快取伺服器」（Cache Only Server）。

主要名稱伺服器

　　主要名稱伺服器（Primary Name Server）是負責管理區域內所有電腦名稱，並且記錄在「區域檔案」（Zone File），它是其它名稱伺服器的資料來源，一個區域內只能有一台唯一的主要名稱伺服器。當以後這個區域內的對照資料有所異動時，也會直接更動此檔案中的內容，以保持最新狀態。另外在這個檔案中的對照資料內容，也會提供給區域內其它次要名稱伺服器來進行複製。

次要名稱伺服器

　　通常為了安全性與效能上的考量，每個區域中除了主要伺服器之外，至少會有一個次要伺服器。次要名稱伺服器（Secondary Name Server）主要的工作就是定時向主要名稱伺服器進行區域檔案的複製，並儲存為唯讀檔案，本身並不負責直接修改區域檔案，這個複製區域檔案的動作，稱為「區域傳送」（Zone Transfer）。通常為了避免主要名稱伺服器故障而導致整個網路的 DNS 無法運作，會設定一台或一台以上的次要名稱伺服器，在主要名稱伺服器故障時，網路內的主機還可以向次要名稱伺服器要求查詢，必要時次要名稱伺服器也可以改變地位而成為主要名稱伺服器。

快取伺服器

　　快取伺服器（Cache Only Server）本身並不管理任何的區域，它的作用有點類似 Proxy 伺服器，當使用者向它提出查詢要求時，它會向指定的 DNS 伺服器進行查詢，除了將查詢結果傳回給使用者之外，會在自己的 Cache 內留有一份備份，下次若有相同的查詢，就可以在「快取」單位中找到，而不用再向其它伺服器尋求支援。

　　快取伺服器雖然方便，不過因為它本身尚建立區域檔案來儲存這些對照資料，所以當伺服器關機時，會將快取資料全部清除。在快取伺服器使用的初期，由於每次查詢都需要指定的 DNS 伺服器支援，所以在查詢效率上較為緩慢。例如兩間公司位於南北兩端，並屬於同一個區域，主要名稱伺服器位於北部，次要名稱伺服器位於南部，則每次進行區域傳輸時勢必花費不少的頻寬，此時南部公司若能採用快取 DNS 伺服器，就不用花費頻寬在區域傳輸上。

8-4　DNS 查詢運作原理

　　例如當各位在瀏覽器的網址列上輸入網站的 FQDN 時，這時候作業系統會對此 FQDN 進行網域名稱與 IP 位址的解析，或者進而向指定的 DNS 伺服器來查詢。過程如下圖與說明所示：

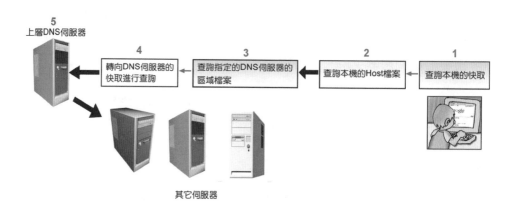

1. 使用者向區域的 DNS 伺服器發出查詢要求，為了避免每次連接上其它主機時，都要向 DNS 伺服器進行查詢，解析程式本身會先進行檢查本機快取的動作，如果有找到對應的 IP 位址就傳給瀏覽器，否則繼續進行下一步的查詢動作。

2. 如果在本機快取中找不到對照資料的話，接著會在本機上的 Host 檔案（Host File）中查詢。如果在本機的 Host 檔案中找到對應的資料，直接將查詢結果傳回給瀏覽器，並在作業系統的快取中留下一份資料。如果還是找不到，則繼續向本機指定的 DNS 伺服器進行查詢。

3. DNS 伺服器會先檢查這個 FQDN 是否為管轄區域內的網域名稱，如果是就查詢區域檔案中的對照資料，並將查詢到的資料傳回客戶端。如果查詢不到，或者根本不是該 DNS 所管轄的區域，則繼續進行下一步驟的查詢。

4. 在區域檔案內找不到對應的資料，則會轉向 DNS 伺服器的快取查詢，看看是否有先前查詢過的紀錄。如果有查詢到對應的 IP 位址，就會在回應的訊息上加註記號，以告知客戶端這個記錄是來於伺服器的快取，而不是區域

檔案中的內容。如果還是沒有找到，則會轉向上層伺服器或其它指定的伺服器來查詢。

5. 如果上面的步驟都查詢不到對應的資料，那麼 DNS 伺服器會轉向上層的 DNS 伺服器來查詢，進入伺服器與伺服器間的查詢。因此也有可能會逐層轉送到根網域。不過有些 DNS 伺服器設定有「轉送程式」，不會將查詢轉給上層伺服器處理，而是轉給其他指定的伺服器。

雖然我們可以往上層的 DNS 伺服器或根伺服器進行查詢，但是為了時間、頻寬等效率上的考量，也可以直接設定「轉送程式」（Forwarder）來提供不同的選擇。當我們在區域中的 DNS 伺服器上查詢不到對照資料時，可以根據「轉送程式」，將查詢請求轉送到指定的 DNS 伺服器進行查詢。而這個伺服器通常具備有較豐富的資料。如果還是查詢不到資料，這時候才會向根伺服器進行查詢，或是直接回報客戶端無法查詢的訊息。

8-4-1 遞迴查詢

如果每次要解析主機名稱與 IP 位址都必須向根網域進行查詢，不僅速度慢且耗費網路資源，於是採取分散式的資料庫管理。一般而言，當 DNS 用戶端向 DNS 伺服器提出 DNS 名稱解析時，大多會採用「遞迴查詢」（Recursive Query）的方式，一旦 DNS 用戶端向 DNS 伺服器提出「遞迴查詢」時，它的查詢方式是先判斷 DNS 伺服器本身是否有足夠的資訊能直接回答該查詢，如果有，就直接回應所解析的 IP 位址。萬一該 DNS 伺服器無法應付這項查詢，才會向上層的 DNS 伺服器進行查詢，只要查詢到 IP 位址對照後，再逐層回報每一層 DNS 伺服器，直至訊息回報給客戶端為止。

但是如果最終的結果，是連其它的 DNS 伺服器也無法解析這項查詢時，則會告知用戶端這項查詢失敗，找不到對應的 IP 位址。目前網際網路上有 13 個根伺服器，下層的 DNS 伺服器如果無法將名稱解析為 IP 位址時，就會向根伺服器查詢。

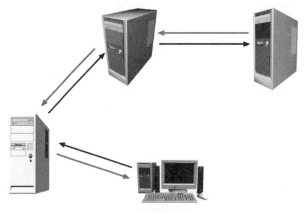

< **DNS** 遞迴查詢運作圖 >

8-4-2 反覆查詢

「反覆查詢」（Iterative Query）主要被應用在伺服器與伺服器之間的查詢動作，如果是所查詢的資料不在伺服器本身的紀錄時，伺服器告知客戶端管轄該網域的 DNS 伺服器的 IP 位址，而由客戶端自行向該管轄網域的 DNS 進行查詢，每個 DNS 伺服器在查詢不到時都會告知上層 DNS 的位址，如此反覆查詢直到找到對應的位址為止，這種查詢方式就如果兩個人反覆對話般，一問一答，直到得到最後的 IP 位址或得到無法解析該網域名稱的回覆。如下圖所示：

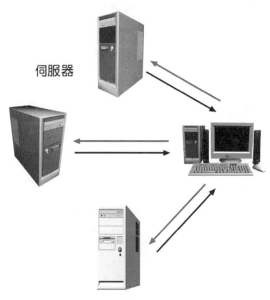

伺服器

< **DNS** 反覆查詢運作圖 >

我們舉一個例子來說明，如果 DNS 用戶端向 DNS 伺服器提出 www.
drmaster.com.tw. 的名稱解析時，如果指定的 DNS 伺服器並無法解析此網域名
稱成 IP 位址，這個時候該指定的 DNS 伺服器就會向根網域 DNS 伺服器詢問是
否有能力解析 www.drmaster.com.tw. 成 IP 位址？根網域 DNS 伺服器就會回答：
這台主機在 .tw. 底下的網域，請向管轄 .tw. 網域的 DNS 伺服器查詢，並同時告
知該指定的 DNS 伺服器管轄 .tw. 網域的 DNS 伺服器 IP 位址。

當指定的 DNS 伺服器收到這項回應訊息後，接著就會向管轄 .tw. 網域
的 DNS 伺服器詢問是否有能力解析 www.drmaster.com.tw. 成 IP 位址，接著
管轄 .tw. 網域的 DNS 伺服器就會回答：這台主機在 com.tw. 底下的網域，請
向管轄 .com.tw. 網域的 DNS 伺服器查詢，並同時告知該指定的 DNS 伺服器管
轄 .com.tw. 網域的 DNS 伺服器 IP 位址。

同樣地，當指定的 DNS 伺服器收到這項回應訊息後，接著就會向 .com.
tw. 網域的 DNS 伺服器詢問是否有能力解析 www.drmaster.com.tw. 成 IP 位址，
接著管轄 .com.tw. 網域的 DNS 伺服器就會回答：這台主機在 .drmaster.com.
tw. 底下的網域，請向管轄 .drmaster.com.tw. 網域的 DNS 伺服器查詢，並同時
告知管轄 .drmaster.com.tw. 網域的 DNS 伺服器 IP 位址。

以這樣的反覆查詢方式，指定的 DNS 伺服器繼續向 .drmaster.com.tw. 網域
的 DNS 伺服器詢問是否有能力解析 www.drmaster.com.tw. 成 IP 位址，接著管
轄 drmaster.com.tw. 網域的 DNS 伺服器就會回答，這台主機在 www.drmaster.
com.tw. 底下的網域，請向管轄 www.drmaster.com.tw. 網域的 DNS 伺服器查
詢，並同時告知管轄 www.drmaster.com.tw. 網域的 DNS 伺服器 IP 位址，當指定
的 DNS 伺服器收到這項回應訊息後，又會向 www.drmaster.com.tw. 網域的 DNS
伺服器詢問是否有能力解析 www.drmaster.com.tw. 成 IP 位址，接著管轄 www.
drmaster.com.tw. 網域的 DNS 伺服器就會將 www.drmaster.com.tw. 所對應的 IP
位址回報給該指定的 DNS 伺服器，如果經這樣的反覆查詢還是無法將 www.
drmaster.com.tw. 解析成 IP 位址，就會告知該指定的 DNS 伺服器，找不到 www.
drmaster.com.tw. 的 IP 位址，以完成整個反覆查詢的流程。

8-4-3 資源記錄（Resource Record）

　　區域內所建立的資料，我們稱為「資源記錄」（RR, Resource Record），當各位建立一個區域時，DNS 伺服器會自動產生一個區域檔案，它會以所建立的區域名稱做為檔案名稱，例如區域名稱為 zct.com.tw，則區域檔案名稱是「zct.com.tw.dns」，區域檔案的內容主要在提供以下幾個主要的資訊：

- 擁有者（Owner）
- 時間限定
- 類別（Class）
- 型態（Type）
- 特定記錄資料（Record-specific Data）

　　在資源記錄型態上可以區分出以下幾種常見的型態：

型態	說明
SOA	（Start of Authority，起始授權記錄）是資源紀錄檔案的第一筆紀錄，用來設定 DNS 名稱、管理者資訊、更新時間、序號等。
NS	此筆記錄用來設定管理此區域的 DNS 伺服器名稱，也就是紀錄伺服器的網域名稱與 IP 位址。「NS」代表 Name Server 的縮寫，如果此區域中有主要 DNS 伺服器與次要 DNS 伺服器，則可以同時設定在記錄中。
MX	郵件交換器（Mail Exchanger），此筆記錄就是用來設定多個郵件伺服器，一個區域中可以設定多部郵件伺服器，不過必須為它們分別加上優先順序的編號。數字代表使用伺服器的優先權順序，數字越小表示優先權越高，按照以上的說明，如果有人寄信給這個區域的使用者「just@zct.com.tw」，則 DNS 伺服器會告訴郵件伺服器將信件優先轉往「mail1.zct.com.tw」，若無法送達，再嘗試轉往「mail2.zct.com.tw」。
A	主要作用為設定主機名稱所對應的 IP 位址：「A」代表「位址」。
CNAME	CNAME（Canonical Name）表示別名設定，此筆記錄就是用來設定某一台主機相對應的別名，一台主機可以設定多個別名。
PTR	（Pointer，反向查詢指標）在 A 型態中可以設定主機名稱所對應的 IP 位址，而 PTR（Point）中正好相反，可以設定 IP 位址所對應的主機名稱，也就是「逆向查詢」。
HINFO	主機資訊（Host Information）用來設定主機軟硬體的相關資訊。

8-5　DNS 封包內容與格式

DNS 封包主要用於客戶端與伺服器、或伺服器與伺服器之間的資料傳送，DNS 服務在 TCP/IP 模型中是屬於「應用層」（Application Layer），往下到達「傳輸層」（Transfer Layer）時是採取 UDP 協定進行封包傳遞，如果查詢的內容過多，可以使用 TCP 協定，不論使用 TCP 或 UDP 協定，通訊連接埠都是「53」。DNS 的封包除了標頭為固定的 12 位元組長度之外，其它的部份都是可變動的，會視實際需要而增減。如果只是向 DNS 進行查詢，就只會出現「查詢部份」（Question Section）的資訊。一個完整的 DNS 封包如下圖所示：

表頭 (Header)	查詢區 (Question Section)	回覆區 (Answer Section)	授權區 (Authority Section)	額外記錄區 (Additional Records Section)

　　12位元組　　　　　　　　　　　　　　　長度不定

8-5-1　表頭部份

　　「表頭」（Header）的總長度是 12Bytes，其它就是所查詢或回覆資料的摘要資訊，也就是變動長度的部份的摘要內容，四個變動長度部份並不是每次都會出現，而是視實際需要來決定，如果只是向 DNS 進行查詢，就只會出現「查詢部份」（Question Section）的資訊。以下先看看 DNS 標頭的欄位內容，如下圖所示：

Query Identifier （16位元）	Flags （16位元）
Question Count （16位元）	Answer RR Count （16位元）
Authority RR Count （16位元）	Additional RR Count （16位元）

中文說明如下圖：

表頭（Header），共 12Bytes

查詢編號，16Bits	旗標，16Bits
問題數目，16Bits	RR 答覆數目，16Bits
RR 授權數目，16Bits	RR 額外數目，16Bits

⚙ 查詢編號（Query Identifier）

長度為 16Bits，又稱之為 Query ID 或 Transaction ID，用來記錄 DNS 的封包編號，為客戶端在查詢封包發出前自動產生，DNS 伺服器回覆時會將回應封包加上同樣的編號，客戶端接受到封包後就可以由此判斷是回應哪一個查詢封包。

⚙ 旗標（Flags）

長度為 16Bits，定義不同類型的查詢服務，從此欄位可以判斷是查詢封包或回覆封包、查詢種類、或傳回錯誤訊息等。

⚙ 問題數目（Question Count）

長度為 16Bits，記錄了 DNS 封包中「查詢部份」（Question Section）欄位的資料筆數。

⚙ RR 答覆數目（Answer RR Count）

長度為 16Bits，記錄了 DNS 封包中「答覆部份」（Answer Section）欄位的資料筆數。

⚙ RR 授權數目（Authority RR Count）

長度為 16Bits，記錄了 DNS 封包中「授權部份」（Authority Section）欄位的資料筆數。

⚙ RR 額外數目（Additional RR Count）

長度為 16Bits，記錄了 DNS 封包中「額外記錄部份」（Additional Records Section）欄位的資料筆數。

在「旗標」（Flags）的欄位中定義了不同類型的查詢服務，它的內容詳細還可以分為以下八個欄位，如下圖所示：

QR (1位元)	Operation Code (4位元)	AA (1位元)	TC (1位元)	RD (1位元)	RA (1位元)	Reserved (3位元)	Return Code (4位元)

< DNS 封包中 Flags 欄位內容 >

有些書籍上只將 AA 至 RA 稱之為 Flags，這只是定義的問題；我們於下分點說明這些欄位所代表的意義：

QR（Request/Response）

長度為 1Bit，由 0x0 跟 0x1 分別表示發出的封包為「查詢封包」（Request）或「回應封包」（Response）。

Operation Code

長度為 4Bits，用來識別封包的查詢要求，各個對應的數值如下表所示：

數值	查詢要求
0x0	標準查詢（Standard Query），包括了正向查詢（Forward Query）與逆向查詢（Reverse Query）。
0x1	反相查詢（Inverse Query）
0x2	伺服器狀態查詢（Server Status Request）。
0x3	保留。

「反相查詢」（Inverse Query）也是一種逆向查詢的機制，但是現在已經被「逆向查詢」（Reverse Query）所取代。

AA（Authoritative Answer）

稱之為「授權回應」，長度為 1Bit，於回應封包中設定，指示詢問封包中的主機是否為該 DNS 伺服器所管轄的範圍，0 為預設值，代表非管轄範圍，設定 1 代表主機位在管轄範圍內。

TC（Truncation）

稱之為「截斷」，長度為 1Bit，如果封包長度超過最大長度限制（例如超過 512Bytes），則設定為 1，代表封包內容可能不完整（只有答覆部份的 512Bytes）。

RD（Recursion Desired）

稱之為「遞迴請求」，長度為 1Bit，當設定為 1 時採用遞迴查詢（Recursion Query），如果設定為 0，則採用反覆查詢（Iterative Query）。

RA（Recursive Available）

長度為 1Bit，表示 DNS 伺服器是否可處理「遞迴查詢」，設為 1 表示可處理，設為 0 表示無法處理。

Reserved

保留位元，長度為 3Bits，全部設為 0。

Return Code

回覆代碼，長度為 4Bits，分別代表 DNS 查詢的各種結果，各個代碼所對應的訊息如下表所示：

數值	說明
0x0	查詢成功。
0x1	封包格式錯誤。
0x2	伺服器錯誤。
0x3	查詢的主機名稱不存在。
0x4	不接受所要求的查詢方式（Operation Code 中所設定的方式）。
0x5	伺服器拒絕處理此封包。

8-5-2 查詢部份（Question Section）

查詢部份是 DNS 封包的查詢部份，它包括了三個部份：

Question Name（長度不固定）	Question Type（16位元）	Question Class（16位元）

<DNS 封包的查詢部份>

「查詢名稱」（Question Name）的內容為所要查詢的主機名稱，所使用的長度不定，每個標籤（label）之前會以一個位元組記錄標籤的字元數，由於標籤的長度限制為「63」個字元，所以此位元組最大值限制為「63」，最後並補上一個「0」，代表查詢名稱結尾，如下圖所示：

| 3 | www | 3 | zct | 3 | com | 3 | tw | 0 |

「查詢型態」（Query Type）長度為 16Bits，表示要查詢資源記錄中的哪一個資料，在 RFC 1035 中有詳細的記錄，以下列出常用的數值與說明：

數值	說明
0x01(1)	查詢 A（IP 位址）名稱。
0x02(2)	查詢 NS（Name Server）名稱。
0x05(5)	查詢 CNAME 名稱（標準名稱）。
0x0C(12)	查詢 PTR（Point）名稱（逆向查詢）。
0x0D(13)	查詢 HINFO（Host Information）。
0x0F(15)	查詢 MX（Mail Exchanger）。
0xFF(255)	查詢所有的 RR（Resource Record）。

查詢類別（Query Class）表示要設定在哪一個類別網路上進行查詢，欄位固定為「0x1」，表示使用 IN（Internet）類別。

8-5-3　答覆部份（Answer Section）

答覆部份使用的欄位格式稱之為「資源紀錄」（Resource Record），這個格式也為 Authority Section、Additional Records Section 所共用，資源紀錄的格式如下圖所示：

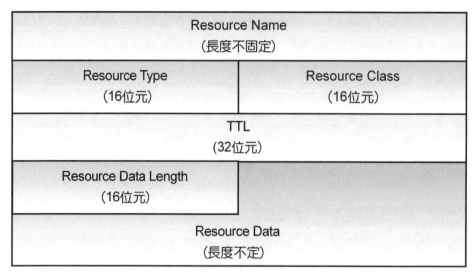

<資源紀錄格式>

🔧 資源名稱（Resource Name）

長度不定，存放查詢的主機名稱（FQDN），相當於「查詢部份」的「查詢名稱」欄位。

🔧 資源型態（Resource Type）

長度為 16Bits，存放查詢的資源記錄型態，相當於「查詢部份」的「查詢類型」欄位。

🔧 資源類別（Resource Class）

長度為 16Bits，存放查詢的網路類別，相當於「查詢部份」的「查詢類別」欄位。

🔧 存活時間（Time to Live，TTL）

此欄位佔 32 個位元長度，TTL 為 Time to Live，用來設定此筆資料於 DNS 伺服器快取中存活時間，設定值以秒為單位。

● 資料長度（**Resource Data Length**）

長度為 16Bits，數值的單位為 Bytes，代表「資料內容」欄位的長度。

● 資料內容（**Resource Data**）

長度不定，為查詢結果的回覆，可能是 IP 位址或主機名稱。

8-5-4　授權部份（**Authority Section**）

「授權部份」（Authority Section）的欄位格式與「回覆部份」相同，除了「資料內容」欄位是存放主機名稱而不是 IP 位址之外，其它的欄位意義與「回覆部份」的欄位相同。

8-5-5　額外記錄部份（**Additional Records Section**）

「額外記錄部份」（Additional Records Section）的內容對應於「授權部份」，它的欄位格式也與「回覆部份」相同，但是在「資源名稱」欄位中所存放的是 DNS 伺服器的名稱，而「資料內容」欄位中所存放的是 DNS 伺服器的 IP 位址。

本│章│習│題

1. 試説明 FQDN 與 PQDN。

2. 何謂「網域名稱（Domain Name）」？何謂「網域名稱伺服器」（Domain Name Server，DNS）？試以圖示説明。

3. 試簡述何謂網域名稱中的機構類別？

4. 何謂「正向名稱查詢」（Forward Name Query）？

5. 何謂主要名稱伺服器（Primary Name Server）？

6. DNS 的階層架構基本上分為哪四個層次？

7. 根網域（Root Domain）的功用為何？

8. 何謂主機（Host）？名稱上有哪些注意事項？

9. 什麼是 DNS 伺服器的實際廣轄範圍？試説明之。

10. DNS 伺服器來維護，這些伺服器按照功能來區分，主要可以分為哪三種？

11. 請説明「區域傳送」（Zone Transfer）。

12. 「轉送程式」（Forwarder）的功用為何？

13. 請説明「遞迴查詢」（Recursive Query）的作法？

14. 何謂資源記錄（RR，Resource Record）？提供哪些主要的資訊？

15. 何謂（Start of Authority，起始授權記錄）？

16. 試説明 DNS 封包表頭的查詢編號（Query Identifier）欄位的作用。

17. 請介紹「額外記錄部份」（Additional Records Section）。

09
Chapter

DHCP 通訊協定

我們知道一台網際網路上的主機要連接網路的話，必須先擁有一個 IP 位址，如此網路上的其他電腦才能夠彼此辨識。然而在實際運作中，IP 位址的分配過程是相當繁雜的，對於網路管理員來說，絕對是一件吃力不好的工作。在 IP 位址不足的情況下，對於有些電腦只是暫時性的連上網路，並不需要永久地使用某個 IP 位址時，便可以將 IP 位址以動態方式加以分配使用，這種動態分配 IP 方式比起每次電腦開機或連上網路時，都必須重新手動設定 IP 位址來得簡單多了，而且可以避免重複設定 IP 位址的情形。

9-1 DHCP 簡介

DHCP（Dynamic Host Configuration Protocol，DHCP）「動態主機組態協定」就是一種用來提供在網路上主機可以自動分配 IP 及所需要的相關設定。DHCP 讓電腦能夠透過廣播的方式，隨時能管理主機中的網際網路協定（Internet Protocol，IP）及子網罩（Subnet Mask），而不影響 TCP/IP 網路的運作，並且用集中管理的方式，管理 TCP/IP 協定其他的相關參數，如預設閘道器、網域名稱系統（Domain Name System，DNS）等等。

簡單來說，DHCP 主要就是能夠管理一組可以用的 IP 位址（合法 IP，非私有 IP），並且動態地分配給有需要的主機來使用。當某一 IP 位址被分配出去後，就會在 DHCP 伺服器上記錄此 IP 位址已經被使用。如果有另一個 DHCP 客戶端也需要 IP 位址，就會另外分配一個未使用的 IP 位址給它，如此就可以避免兩部電腦間 IP 位址衝突的問題。

9-1-1 認識 DHCP 架構

DHCP 採用主從式架構在網路 DoD 模型中是屬於「主機對主機層」的通訊協定，它使用 UDP 協定來進行封包的傳送。DHCP 客戶端所使用的通訊連接埠為 67，但是 DHCP 伺服端卻是使用連接埠 68 來進行通訊，包含兩個主要成員：

客戶端　　　　　　　　　　　　　　　伺服端

以廣播的方式尋找DHCP伺服器，
並要求IP位址

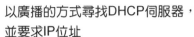

| PORT 67 | | PORT 68 |

DHCP使用UDP來進行封包傳送

DHCP 用戶端

所有要求使用 DHCP 服務的主機用戶，皆可以稱為 DHCP 客戶端，主要是接受 DHCP 伺服端的參數設定及分配的動態 IP 位址。以下是 DHCP 用戶端所發出的封包：

名稱	說明
DHCPDiscover	DHCP 用戶端所發出的封包，用來尋找網路上的 DHCP 伺服器。
DHCPRequest	DHCP 用戶端所發出的封包，同意伺服器所提供的 IP 位址；如果是用來續約 IP 位址，則是使用單點傳送來發送封包。
DHCPDecline	DHCP 用戶端所發出的封包，拒絕伺服器所提供的 IP 位址。
DHCPRelease	DHCP 用戶端所發出的停止租約封包，伺服端可以將此 IP 租用給其它主機。

DHCP 伺服器

DHCP 伺服器可用最主要的工作是針對 DHCP 用戶端主機管理與發送 IP 位址、子網罩設定、設定閘道器、指派 DNS 或 WINS 伺服器 IP 位址的參數，並且對此位址進行註記。以下是 DHCP 伺服端所發出的封包：

名稱	說明
DHCPOffer	伺服器發出給用戶端的封包，告知可以使用的 IP 位址。
DHCPAck	DHCP 伺服器同意租用 IP 位址，發出封包回應客戶端。
DHCPNack	DHCP 伺服器不同意租用 IP 位址，發出封包告知客戶端。

DHCP 通訊協定

9-2　DHCP 優點簡介

　　DHCP 客戶端向 DHCP 伺服端取得 IP 位址的方式，稱為「租用」。DHCP 伺服端會檢查領域中的靜態資料庫是否有客戶端的實體位址紀錄，如果有就分配靜態資料庫中的 IP 位址給客戶端；如果沒有則從動態資料庫中選擇一個 IP 位址分配給客戶端，並且註記該 IP 位址已被租用。DHCP 對 IP 位址的管理確實相當方便，我們可以整理出使用 DHCP 服務的三個優點。

9-2-1　設定與管理方便

　　與手動分配 IP 位址比較來説，DHCP 不用經過繁雜的設定，DHCP 協定提供了自動分配 IP 位址給用戶端電腦的功能，不須網路管理人員親自動手設定，而且所有的 IP 位址都能集中管理，在網路上的 DHCP 用戶端則可輕易地獲得獨一無二的 IP 位址。因為 DHCP 伺服器每提供一個 IP 租約，同時會在資料庫中建立一筆相對應的租用資料，避免人為設定錯誤，也避免 IP 位址重複租用的狀況。一經發現有重覆 IP 位址出現時，DHCP 也可以立刻處理並解決其問題，以一個有規模的企業組織來説，DHCP 確實可以解決繁雜分配 IP 位址上及管理 IP 位址的問題。

9-2-2　維護簡單與 IP 可重複使用

　　DHCP 協定所提供的資訊不僅有 IP 位址，還有各項網路設定參數，若這些參數需要變更時，僅需要在 DHCP 伺服器上進行修改即可，大量節省維護的時間與成本。DHCP 使用資料庫的方式來管理 IP 位址，每筆租用的 IP 位址都會詳細記錄，不會發生 IP 位址衝突的問題。由於 DHCP 是以「租約」的方式分配 IP 位址的，而這些 IP 位址也是由 DHCP 動態去產生的，只要是你的 IP 位址租約未到期，DHCP 是不會去隨意更動 IP 位址資料。DHCP 在租約到期或必要的時候回收 IP 位址，以分配給其它有需求的主機，所以 DHCP 可以靈活使用有限的 IP 位址。

9-2-3 安全性較高

如果以靜態 IP 位址來說，只要是不去使用到已經正在使用的 IP 位址時，靜態 IP 是可以隨意改變的，而以 DHCP 的動態 IP 位址分配來說，每一筆更動的 IP 位址會與主機上的電腦名稱與 MAC 位址取得連繫並更新其資料，只要是主機使用不當的運作，在 DHCP 伺服器裡都會留下記錄。此外，由於用戶端每次連接網路都使用不同的 IP 位址，因此可以減少被駭客攻擊的機會，進而提高了用戶端的安全性。

9-3 DHCP 運作流程簡介

DHCP 運作流程可以從 DHCP 客戶端發出 IP 位址的請求，再到 DHCP 伺服端同意租用指定的 IP 位址，以及 IP 位址的租約更新與租約撤銷等過程談起。如下圖所示：

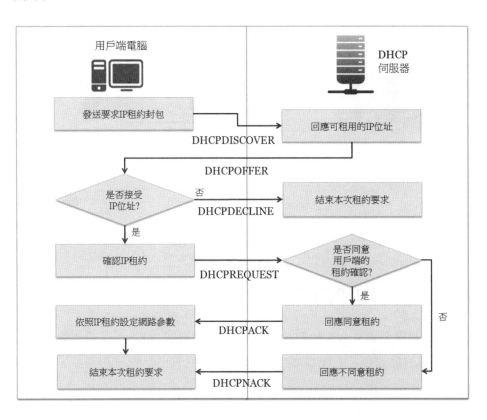

9-3-1 客戶端要求 IP 租約

一旦我們將電腦設定為 DHCP 用戶後，在第一次使用 DHCP 網路的時候，因為 DHCP 用戶端是採用動態 IP 位址，所以這個時候的 DHCP 用戶端會先以廣播的方式發送一個 DHCPDISCOVER 的訊息去尋找可以提供租約服務的 DHCP 伺服器，試圖取得 DHCP 伺服器的連線，並請求網路上的 DHCP 伺服器支援。

在同一個網路中可能會有超過一部以上的 DHCP 伺服器，當這些 DHCP 伺服器收到這個 DHCPDiscover 封包後，都會回應此訊息。此時用戶端電腦還無法得知屬於哪一網段，所以封包來源位址為「0.0.0.0」，目的位址則為「255.255.255.255」。另外，因為此時用戶端電腦尚未取得正式 IP 位址，會先以本身的 MAC 位址產生一組填入 TRANSACTION ID(XID)，填入 DHCPDISCOVER 封包中。

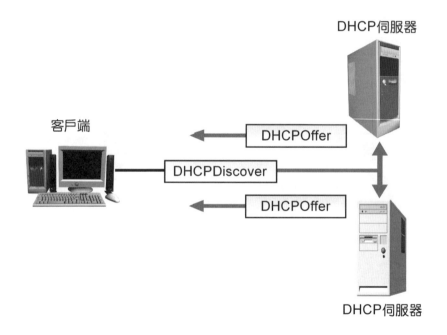

9-3-2 提供可租用的 IP 位址

用戶端電腦廣播 DHCPDISCOVER 封包後，所有的 DHCP 伺服器都會收到此要求 IP 租約的封包，此時 DHCP 伺服器會從還沒有出租的 IP 位址中，挑選並

保留最前面的 IP 位址，然後將相關資訊（包含可租用的 IP 位址、XID、子網路遮罩、IP 租約期限、以及 DHCP 伺服器的 IP 位址）設定在 DHCPOFFER 封包後同樣以廣播方式送出。DHCP 用戶端可能會接到一個或多個 DHCPOFFER 回應訊息，此外，DHCP 伺服器會把當初 DHCPDISCOVER 封包內的 XID 資訊沿用到 DHCPOFFER 中以做為用戶端電腦的識別。

9-3-3 確認 IP 租約

用戶端雖然會收到來自不同伺服器的 DHCPOFFER 封包，但是預設會使用第一個收到的 DHCPOFFER 封包中所提供的 IP 位址，這個用戶端所發送的 DHCPDISCOVER 訊息會包含用戶端所要的請求，以便尋找最適當的位址，其它後來的封包則不予理會。接下來用戶端會以廣播方式送出一個 DHCPREQUEST 訊息給被選擇到的 DHCP 伺服器，DHCPREQUEST 則是對 DHCP 伺服器作租約的請求，主要目的是向選定的 DHCP 伺服器申請租用 IP 位址，也告知其他 DHCP 伺服器該用戶端電腦已經選定接受哪一台 DHCP 伺服器提供的 IP 位址；而這些沒被選定的 DHCP 伺服器就會將方才保留的要給客戶端電腦的 IP 位址釋放，以供其他用戶端的 IP 租約要求。

在此同時，用戶端電腦也會廣播一個 ARP 封包，用以確認網路上沒有其它電腦裝置利用手動方式使用了該 IP 位址；但如果發現該 IP 位址已被使用，此時用戶端電腦就會發送 DHCPDECLINE 封包，告知 DHCP 伺服器此拒絕訊息，此次 IP 租約的要求就結束；爾後用戶端電腦就會重新發送 DHCPDISCOVER 封包，向所有 DHCP 伺服器要求 IP 租約。

9-3-4 同意 IP 租約

當被選定的 DHCP 伺服器收到 DHCPREQUEST 封包後，如果同意用戶端電腦的 IP 租約要求，便會廣播 DHCPACK 封包給用戶端電腦以確認 IP 租約正式生效，用戶端電腦就會將設定值填入 TCP/IP 的網路配置參數中，並開始計算租用的時間，一個 IP 租約的流程就到此完成。

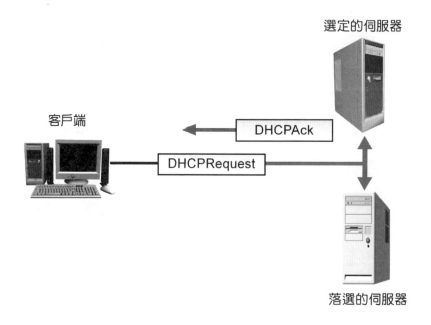

在 Windows 環境下各位可以在「區域連線」狀態中的「詳細資料」（如下圖）看到網路相關設定內容：

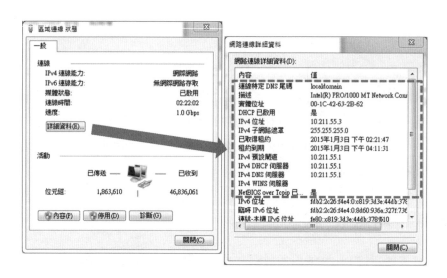

如果伺服器因故而不能給予 IP 租約，則會發出 DHCPNack 封包，例如原來的主機移至另一個子網路，由於請求的 IP 位址無法對應，或是指定的 IP 位址已被佔用或者租約期限不能如用戶端電腦的要求，此時伺服器就會發出 DHCPNack 封包，用戶端電腦就會結束本次 IP 租約要求，重新執行要求 IP 租約流程。

9-3-5　更新 IP 租約

　　在客戶端取得 IP 位址之後，會有一個「租約期限」（Lease Time），在 Windows Server 系統中這個期限預設為八天。在預設的情況下，如果租用的時間到達期限的 1/2 時（使用了四天），就會嘗試發出 DHCPRequest 封包向 DHCP 伺服器申請續約，然後必須定期更新租約，否則當租約期限一到就無法再使用此 IP 位址。伺服器收到後就會以 DHCPACK 封包回應此更新的租約給用戶端電腦（如下圖所示）；RFC2131 的標準是每當租用時間到達期限的 1/2 或 7/8 時，用戶端電腦就必須發出更新租約的要求，不過不見得每個網路設備製造商都會遵守這個標準。同樣是嘗試三次，如果還是無法取得更新，則會改用廣播方式發出 DHCPRequest 封包，以取得新的 DHCP 服務。如下圖所示：

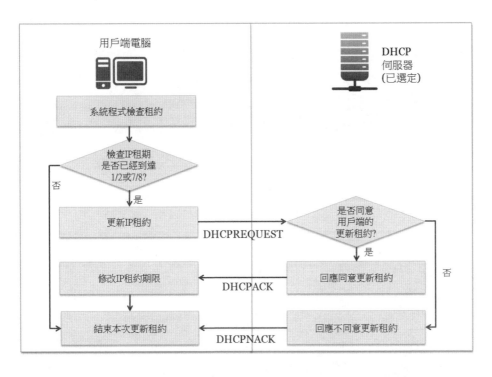

　　雖然與要求 IP 租約時都是使用 DHCPREQUEST 封包，但此時是用單點傳送（Unicast）方式發送封包，直接與當初提供 IP 位址的 DHCP 伺服器進行更新租約，而不再使用廣播方式傳送 DHCPREQUEST 封包。除了選擇自動更新方式，用戶端電腦也可以利用手動更新 IP 租約。以 Windows 為例，在命令提示字元模式下執行 ipconfig /renew 命令即可進行租約更新。

9-3-6 撤銷 IP 租約

如果客戶端要撤銷租約，則會發出 DHCPRelease 封包，告知給予 IP 位址的伺服器此 IP 位址已不需要再使用，可以分配給其它的主機，以 Windows 環境為例，在命令提示字元模式下執行 ipconfig /release 命令，該電腦就會發送 DHCPRelease 封包，撤銷 IP 租約。

9-4 DHCP 封包格式

瞭解了 DHCP 的運作方式與封包往來，接下來我們實際看看 DHCP 封包的格式內容，如下圖所示：

op (8 Bits)	htype (8 Bits)	hlen (8 Bits)	hops (8 Bits)
xid (32 Bits)			
secs (16 Bits)		flags (16 Bits)	
ciaddr (32 Bits)			
yiaddr (32 Bits)			
siaddr (32 Bits)			
giaddr (32 Bits)			
chaddr (16 Bytes)			
sname (64 Bytes)			
file (128 Bytes)			
options (312 Bytes , variable)			

9-4-1 封包欄位簡介

　　DHCP 的封包格式除了變動長度的 Option Field 之外，其餘 40 位元組皆為固定長度，以下針對 DHCP 封包中固定的欄位加以說明其內容：

🔵 Op Code

　　長度 8 位元，標註這個封包是由用戶端還是伺服端所發出的封包，OP 等於 1 時，表示封包是從用戶端傳送給伺服端；若 OP 等於 2 時，表示封包由伺服端傳送給用戶端。

🔵 HTYPE（Hardware Type）

　　表示網路類型，長度 8 位元，如果是乙太網路的話就設定為 1，符記環為 6，而 ATM 則為 16，詳細網路類型代碼請參考下表：

代碼	名稱
1	Ethernet (10Mb)
2	Experimental Ethernet (3Mb)
3	Amateur Radio AX.25
4	ProteonProNET Token Ring
5	Chaos
6	IEEE 802 Networks
7	ARCNET
8	Hyperchannel
9	Lanstar
10	Autonet Short Address
11	LocalTalk
12	LocalNet (IBM PCNet or SYTEK LocalNET)
13	Ultra link
14	SMDS
15	Frame Relay
16	Asynchronous Transmission Mode (ATM)

代碼	名稱
17	HDLC
18	Fibre Channel
19	Asynchronous Transmission Mode (ATM)
20	Serial Line

HLEN（Hardware Address Length）

表示 MAC 位址的長度，長度 8 位元。以乙太網路為例，其欄位值為 6，例如乙太網路設定為 6，表示 MAC 位址為 6x8=48 位元。

Hops

此欄位佔八個位元，當 DHCP 用戶端發出 DHCP 封包時，此欄位預設為 0。如果 DHCP Relay Agent 要轉送此封包給 DHCP 伺服器時，就會將此欄位設定為 1。

> **TIP**
>
> 由於 DHCP 封包大都是以廣播方式在同一網路中傳送，如果 DHCP 客戶端與伺服端分別位於不同的區域網路中，那麼這個封包將無法通過連接這兩個網路的路由器，則這個封包勢必會被路由器給丟棄。此時可以在客戶端的區域網路中指定一台主機當作 DHCP 轉送代理人（DHCP Relay Agent）。當 Relay Agent 發現網路上有 DHCPDiscover 或 DHCPRequest 廣播封包時，它會主動加以擷取廣播封包，並將封包的目的位址更改為 DHCP 伺服器的 IP 位址，使這個封包能夠以單點傳送方式到達另一個區域網路的 DHCP 伺服器，如此封包就不會被路由器阻擋，而 DHCP 伺服器的回應也會先傳送 DHCP Relay Agent，它會將封包修改為廣播封包，然後再發送至客戶端的子網路中。

xid（Transaction ID）

封包傳送使用的識別碼，長度 32 位元。用戶端電腦送出封包時會隨機產生一組識別碼，待 DHCP 伺服器收到此封包，就以此識別碼進行回覆；用戶端電

腦收到 DHCP 伺服器回應時，也藉由此識別碼辨別伺服器回覆哪一個封包。

⚙ secs

用戶端電腦處理封包內容所花費的時間，單位為秒，長度 16 位元。

⚙ flags

封包型態標記，長度 16 位元。第一個位元「B」為 1 時，代表 DHCP 伺服器以廣播方式傳送封包給用戶端電腦，其餘 15 個位元目前尚未使用（設定為 0）。

⚙ ciaddr（Client IP Address）

用戶端電腦的 IP 位址，長度 32 位元，如果還沒有取得 IP 位址，則設定為 0。

⚙ yiaddr（Your IP Address）

DHCP 伺服端回覆用戶端電腦的 IP 請求時（DHCPOFFER 與 DHCPACK 封包），所配置的 IP 位址，長度 32 位元，無需填寫則設定為 0。

⚙ siaddr（Server IP Address）

DHCP 伺服器 IP 位址，長度 32 位元。從 DHCP 伺服器送出之 DHCPOFFER、DHCPACK、DHCPNACK 封包，會將 DHCP 伺服器 IP 位址填入此欄位。

⚙ giaddr（Relay IP Address）

DHCP Relay Agent 的 IP 位址，長度 32 位元。如果設為 0，但若用戶端電腦是透過 DHCP Relay Agent 和 DHCP 伺服器進行封包傳送，DHCP Relay Agent 就在此欄位填入 IP 位址，無需填寫則設定為 0。

⚙ chaddr（Client Ethernet Address）

此欄位佔 32 個位元，記錄用戶端的 MAC 位址。

sname（Server Host Name）

記錄 DHCP 伺服器的名稱，長度 64 位元組（Bytes）。

file（Boot File Name）

開機程式名稱，長度 128 位元組（Bytes）。此欄位適用於網路開機的情況下，此欄位紀錄開機程式名稱，使用於無磁碟的主機上，藉此欄位下載開機檔案以完成開機動作。

options（Option Field）

DHCP 選項設定，最大值為 312bytes，Option Field 的長度則不是固定的，因為其包含的欄位並不是每個封包中都會出現，在 Option Field 中的欄位資訊包括了租約期限、封包類型、IP 位址額外資訊（例如子網路遮罩、網域名稱等）。以下將針對選項設定（Option Field）中的幾個重要欄位資訊加以說明：

- **Requested IP Address**：客戶端想要取得某個特定的 IP 位址時使用，主要出現在 DHCPRequest 封包中，用來要求伺服端提供 IP 資訊，或是使用於更新租約期限的 DHCPRequest 時，就會在此欄位填入所需求的 IP 位址。

- **IP Address Lease Time**：記錄 IP 位址的租約期限，當用戶端電腦請求 IP 位址時，DHCP 伺服器使用此欄位回覆 IP 租約期限，在 Windows 系統中預設為八天。

- **Renewal Time Value (T1)**：記錄第一次進行租約更新時間，在 Windows 系統中預設為四天。

- **Rebinding Time Value (T2)**：記錄第二次進行租約更新時間，在 Windows 系統中預設為七天。

- **Option Overload**：由於 Option 欄位最大長度為 312 位元組，當資料超過此值時，可以借用「sname」和「file」兩個欄位當做延伸用。

- **DHCP Message Type**：此欄位用來註明封包類型，下表為欄位數值與封包類型的對照：

數值	封包類型
1	DHCPDiscover
2	DHCPOffer
3	DHCPRequest
4	DHCPDecline
5	DHCPAck
6	DHCPNack
7	DHCPRelease
8	DHCPReleaseInform

- **Parameter Request List**：用戶端電腦要求 DHCP 伺服器提供網路組態參數清單與所需參數。DHCP 伺服器未必能完全回應清單中的每一項參數，但只要有符合的參數項目就必須回應。

- **Message**：如果在 DHCP 伺服器與用戶端電腦傳送過程有錯誤發生，DHCP 伺服器會將錯誤訊息填入此選項。透過 DHCPNAK 封包通知用戶端電腦，訊息內容為 ASCII 碼。

- **Client identifier**：記錄用戶端的 MAC 位址。

- **Server identifier**：記錄伺服端的 MAC 位址。

- **Maximum Message Size**：用戶端電腦將可以送出 DHCP 封包的最大長度。用戶端電腦將可以送出 DHCP 封包的最大長度，填入此選項，使用（DHCPDISCOVER 或 DHCPREQUEST）以告知 DHCP 伺服器。

- **Sub Mask**：伺服端告知客戶端的子網路的設定資訊，供用戶端設定使用。

- **Domain Name**：伺服端告知客戶端的網域名稱資訊，供客戶端設定使用。

- **Domain Name Server**：伺服端告知客戶端網路中的 DNS 伺服器 IP 位址，供客戶端設定使用。

- **Router**：伺服端告知客戶端網路中的路由器 IP 位址，供客戶端設定使用。

- **Vendor Class Identifier**：此選項提供用戶端電腦用以識別網路硬體製造商類型與配置，但非必要項目。此識別訊息的內容由製造商自行定義。

本|章|習|題

1. DHCP 的功用為何？試簡述之。

2. 試說明 DHCP 的架構。

3. 請舉出至少三種 DHCP 用戶端所發出的封包。

4. 為什麼 DHCP 的安全性較高？

5. 請列舉 DHCP 的優點。

6. 請解釋封包欄位 Op Code 的功用。

7. 請簡述 DHCP 轉送代理人（DHCP Relay Agent）。

8. 請說明 DHCP 同意 IP 租約的最後流程。

9. 請解釋封包欄位 siaddr（Server IP Address）的功用。

10. 請描述 options（Option Field）的功用。

10

Chapter

網路管理與網路安全導論

由於網路的使用日趨普及，對商業界、學術界和政府機構甚至個人等彼此間資訊的交流提供快捷的服務，為了能夠即時掌握網路運作的情形與效率，就需要利用網路管理工具來維持效能表現，而這也是網路管理的目的。一般來說，要建置一個網路系統並不是件難事，但是建置完成後，挑戰才真正地開始，簡單來說，網路管理是為了實作控制、規劃、分配、部署及監視一個網路區域的資源所需的整套具體實施。

< 隨著網路使用者的增加，網路管理的角色更形重要 >

管理之父彼得杜拉克博士曾說：「做正確的事情，遠比把事情做正確來的重要」。因此，身為現代的網路管理者，首先需要能夠有效地廣泛收集資訊及有效地運用網路資源與相關資訊系統，來針對網路上之各種機器設備加以規劃、監控和管理，並負責網路站點的數據更新與安全維護的管理，最終達成企業與組織的目標。

10-1 網路管理功能簡介

隨著近年來網路系統的不斷擴張，此得網路的管理與維護工作變得越來越重要，不僅直接協助網路管理人員解決問題，也可以經由整合，來替其他管理階層收集相關的決策資訊。基本上，網路管理可以看成是一個架構，也是用於規劃、實作和維護電腦網路的一套處理步驟，ISO 在 1989 年制定的 7498-4 號標準文件中提到，網路管理功能區分成「故障管理（Fault Management）」、「會計管理（Accounting Management）」、「組態管理（Configuration Management）」、「效能管理（Performance Management）」及「安全管理（Security Management）」五大類，並以組態管理為中心，這五個網路管理項目，也就成了大家最常探討的網管課題：底下分別為各位說明這五個網路管理功能。

10-1-1 故障管理

「故障管理」（Fault Management）是最重要的一種網路管理形式，通常任何非有意導致且會影響服務運作的事件，都可視為是必須立即處理的故障，一旦網路上出現各種異常現象，就得依賴相關的技術支援人員執行『故障排除』（Troubleshooting）作業。例如那些失去電力、網路連線裝置的損壞與功能參數設定錯誤…等等。故障管理主要是確認網路問題所在和診斷問題發生的原因，範圍包括了問題和故障的偵測、辨認、隔離、回報及修復不正常的網路環境，並以最短的時間與來解決網路上的異常狀態，就是故障管理的基本要求，也是故障管理著重的課題。

由於一般網路涵蓋相當大的區域，如果網路系統發生故障時，會對網路某服務造成了不良的干擾影響，如果無法即時發現並進行隔絕及修復，整個系統的效率便會受到牽連。故障管理衍生出來的就是問題管理，能夠快速地偵測到影響服務的問題、向管理裝置回報，並且採取可能的改正措施的機制，故障管理包含分析並解決錯誤記錄、偵測網路設備送出的錯誤訊息、追蹤並確認錯誤來源、測試網路系統的運作、根據問題的來源和症狀，在對網路造成影響前，就能夠先及早修正錯誤，更重要是定期備份網路上的重要資料，或安裝『不斷電系統』（Uninterruptible Power Supply，UPS），都可以在發生緊急狀況時迅速重建與復原資料。

10-1-2 組態管理

「組態管理」（Configuration Management）是五種管理功能的中心架構，主要是取得目前網路系統的運作情況、設定或修改網路與電腦的使用狀態，內容包括連接到網路的裝置、連接方式以及這些裝置目前的系統功能參數，也包括用來管理所有的網路設備的設定資訊，定義所有網路服務的組成元件（Components），並對其元件加以控管以確保相關資訊的準確性與設定，例如路由器、橋接器和主機的實體和邏輯位址連接及改變網路系統的功能參數（Provisioning）。

組態管理還負責對網路硬體設備的增減或修改進行控制，並對實際連線狀況進行登錄，以達到隨時掌握網路最新組態的目的，並收集網路的運作狀況及改變網路系統的設定、取得系統狀態重大改變的通知、設定並賦予被管理設備的元件清單（Inventory）、啟動或關閉被管理的設備。

10-1-3 會計管理

「會計管理」（Accounting Management）可對使用網路資源建立收費標準，記錄每一個網路使用者或整個團體的使用記錄，以便核算分攤費用。例如資產管理（Asset management）：包括儀器、設施、硬體與電腦的建置與維護成本，及人員的統計資料與相關資產紀錄，以了解與評估各項成本效益，進而監看網路資源與個別與部門使用率以作為收費的依據，或通知使用者有沒有可用的資源。會計管理的目標就是透過最少的投資得到最大的收益，是會計管理的目標至於日常性的成本管控（Cost control），如控制網路與設備各種消耗性資源的用量，包括紙張、碳粉夾、管線、空白光碟片、墨水夾等不當浪費的管制也是會計管理的重要工作之一。

10-1-4 效能管理

當網路使用量及複雜度大量提升時，就會產生許多系統執行效率的問題，網路的運作效率直接影響到使用者的生產力，所謂「效能管理」（Performance

Management）是用來衡量網路的運作效率，效能管理牽涉到監視網路效能和適當調整網路，提供不同網路區段在各連結網路效能的分析，以及網路測試反應時間管理，效能管理也可視為一種『預防性』的故障管理。例如透過一些回應時間（Response time）做為傳輸效能良好的判斷準則，例如 ping 某個主機的回應時間、電子郵件收發的回應時間，以及瀏覽網頁所花費的回應時間。

　　網路管理者可透過效能管理工具來瞭解網路資源的使用情形，對於網路各節點的使用率、通訊協定、流量…等進行分析及管制，考量線路使用率（Utilization），防止影響網路連線品質因素的發生及是否可達到所要求的速率。此外，由於網路數據具備可偵測性，透過長期統計網站交通流量可以得知網路流量成長趨勢，及早發現網路瓶頸。

< **Google** 提供了免費的網路流量趨勢與分析工具 >

Google 所提供的 Google Analytics（GA）就是一套免費且功能強大的跨平台網路流量分析工具，也稱得上是全方位監控網站完整功能的必備網站分析工具，不僅能讓企業可以估算銷售量和轉換率，還能提供最新的數據分析資料，包括網站流量、訪客來源、行銷活動成效、頁面拜訪次數、訪客回訪等，幫助客戶有效追蹤網站數據和訪客行為等。

10-1-5 安全管理

現代企業或組織透過網際網路固然可以增強營運效率，但相對地也將原先封閉的企業網路暴露在整個網際網路環境中。安全管理（Security Management）的主要目的是在提供應用程式一些安全性原則，開放必要權限給必要人員是安全管理的基本要求，藉此防止未經授權的個人存取、使用和變更網路的行為，與對網路資源的偷竊與侵入建立網路安全機制，包括系統密碼和網路資料加密處理，以防止非法使用者對網路資源的竊取與破壞。

安全管理還包含內部安全管理和防範外部入侵，特別是給予網路使用者基本的安全維護保障與確認使用者的權限，並且透過稽核（Auditing）機制，讓網路伺服器記錄下重要的安全事件。例如當網路上存在大量壞封包時，通常表示網路傳輸時發生了某種問題，透過安全管理工具，分析複雜的日誌檔案，提前發現攻擊、安全威脅，進而通知系統改變及調整網路狀態。

10-2 SNMP 與其他網路管理協定

相信現代企業與組織，甚至於個人都有專屬網站，而如何有效管理網站，也是每個網管人員心目中重要的課題。其中 SNMP（Simple Network Management Protocol，SNMP）是一種被廣泛接受並使用的網路通訊標準，由 IETF（Internet Engineering Task Force，IETF）所定義，用以管理網路設備之通訊協定，主要的目的在於管理網路上各式各樣的設備。SNMP 本身的協定非常簡單，使用上不但不困難，廠商或使用者也不必耗費大量的金錢就能支援 SNMP 協定的相關產品。透過 SNMP 可在任意的兩點中傳遞管理訊息，以便網路管理者能夠檢視網路上任何一個節點的訊息，並進行修改、調整與故障修復的工作。

當然除了 SNMP 外，還有許多其它的系統和網路管理通訊協定，不過 SNMP 標準能讓管理者的監控工作簡化，一旦裝置發生問題就可以即時得到訊息，以採取必要行動，是目前最普遍使用的網路管理協定，幾乎所有生產網路設備的廠商都支援 SNMP。至於「MIB（Management Information Base，管理訊

息資料庫）」及「RMON（Remote Network Monitoring MIB，遠端網路監視管理訊息資料庫）」則是 SNMP 建立網路管理內容的基礎，在後續章節中會陸續為各位介紹。

10-2-1 認識 SNMP

SNMP 是運作於 OSI 模型之應用層，在 TCP/IP 的機制下，運用 UDP 及 IP 協定進行通訊。SNMP 的架構其實是相當於主從式架構的資訊系統模式，每個網路節點須提供一致的網路管理介面，搜集描述過去和目前狀態的管理資訊，並且提供給網路上的管理系統來存取使用。SNMP 定義兩種管理物件：網管管理者（Manager）及網管代理人（Agent）兩種。前者是用來執行網管軟體的主機，後者則是負責收集網路狀態的主機。在實際運作架構中，SNMP 架構主要由以下 4 種元件構成：

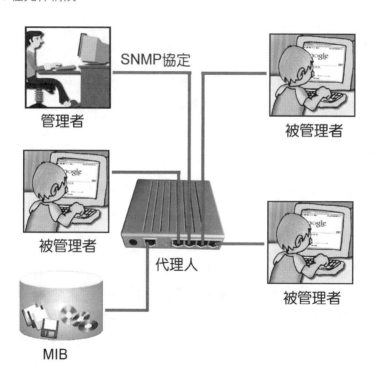

1. **管理者（Manager）**：也稱為管理站，在管理者的電腦上安裝有管理程式，經由 UDP 傳送 request 至代理者，利用 SNMP 通訊協定向代理人

（Agent）查詢所需的相關資訊，可透過代理人進行監控、管理、設定等工作，例如網路設備運作狀態、系統硬體的配置（如 CPU 使用率、硬碟利用率）等。

2. **代理人（Agent）**：代理人是此架構中直接被管理者控制的設備節點，通常是一個執行程式（運作在被監控的設備上），因此也被稱做代理設備，是監看管理節點、負責讀取與蒐集被監控設備上的相關資訊，如路由器、橋接器等，且當管理者需要管理資訊時提供該資料。它必須隨時記錄網路上產生的各種事件，代理者透過來源埠傳送 response 至管理端，而管理者則可以透過網路來取得被管理者存放在 MIB 內的管理資訊。

3. **SNMP 協定**：SNMP 通訊協定實作上提供了一個標準的方法，其實就是一群管理訊息資料庫（MIB）的組合，用來檢視且改變不同廠商所提供之設備的網路管理資訊。這項協定不僅可使用於網路設備之日常維運作業，亦可提供網路維運人員即時監控設備異常事件發生及因應處理，一旦裝置發生問題還可以即時得到訊息，並採取必要行動。

4. **管理資訊庫（MIB）**：MIB（Management Information Base，MIB）的作用是儲存代理設備的物件屬性、功能與各種資訊，就是內建於代理者的資料庫，主要是用來記錄在網路上各個網路設備的屬性與功能，以供管理者存取。

SNMP 協定的封包標頭包含了「版本」及「區域名稱」兩個部份，版本是用來識別 SNMP 協定的版本，而「區域名稱」則代表著一個獨立的網管架構。SNMP 有三種不同的版本，大部分網路設備（路由器、交換器）均支援 SNMP，演變順序是由 v1、v2 至 v3，使用最廣泛的是 SNMPv1；1992 年制定 SNMPv2 協定時，針對 SNMPv1 協定中不完善的地方做了許多改進，特別是在安全性方面，但卻使得它在管理上變得更加複雜難以管理，雖然 SNMPv2 增加大型網路與分散式處理能力，不過實用性遠不如 SNMPv1；至於 SNMPv3 由 RFC 3411-RFC 3418 定義，主要增加 SNMP 在安全性和遠端配置功能的強化與 SNMPv2 在存取控制、保密、認證方面不足的功能。

SNMP 管理者是以輪詢（Polling）的方式詢問代理人，所謂輪詢方式網管系統主動向被代理人要求網管相關資訊，也就是代理人會不斷的收集各種統計數據，並儲存到「管理訊息資料庫」（Management Information Base，MIB），通常輪詢也會佔用許多的網路頻寬。當管理者向代理設備的 MIB 送出查詢訊號，就可以獲得這些訊息。而代理人會接收 SNMP 管理者的指令，並按照特定的管理物件編號儲存於管理資訊庫（MIB）中，代理人也提供主動回報陷阱（Trap）的機制，在符合條件的情況下（如系統發生錯誤或關機等特殊的情況），主動地以 Trap 的方式發送訊息通知管理者。陷阱（Trap）表示網路系統發生異常狀況，如果發生 Trap 時，會藉由代理人將此狀況回報給管理者。

TIP 在區域網路中，網路管理的主要常見機制有「輪詢（Polling）」、「陷阱（Trap）」、「設定（Set）」三種。設定（Set）是指管理者對代理人執行參數設定的工作，通常可能是網路發生異常狀況時，由管理者依據 Trap 訊息所進行的設定工作。

SNMP 的指令非常簡單，我們以 SNMP 第一版本 SNMPv1 為例，定義了五項指令讓管理站及代理人之間進行溝通（要求 / 回應），這五項指令的說明如下：

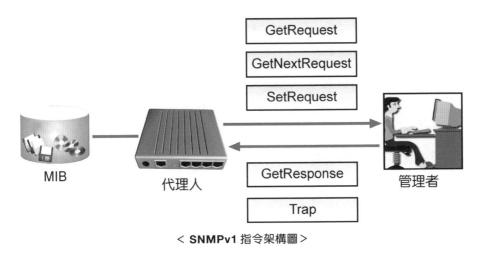

< **SNMPv1 指令架構圖** >

- **GetRequest 要求命令**：由管理站（Manager）向代理人（Agent）發出的指令，用來要求傳回被管理設備 MIB 的物件資料。

- **SetRequest 設定命令**：由管理站向代理人發出指令，用來對代理設備的 MIB 物件進行組態設定或刪除物件的動作。建議您在刪除物件之前先考慮清楚，以免造成網路運作不正常。

- **GetNextRequest 瀏覽命令**：由管理站向代理設備發出的指令，要求代理設備傳回 MIB 中下一個介面的資料。

- **GetResponse 回應命令**：當代理人收到管理站的 GetRequest 或 SetRequest 命令後，都是使用 GetResponse 命令來回應管理站，回應的方式包括 NoError、tooBig、noSuchName、badValue、readOnly、genErr 等。

- **Trap 陷阱命令**：當管理站有錯誤發生時，由代理人主動回報給管理站，管理站可以依據回應的訊息來決定處理方式，包括 warmStart、coldStart、egpNeighborLoss、linkUp 等處理方式。

至於 1992 年制定 SNMPv2 協定時，針對 SNMPv1 協定中不完善的地方做了許多改進，新增了以下兩道指令：

- **InformRequest 指令**：由於 SNMPv1 協定只有定義管理站及代理人之間的封包型態，因此一個區域網路中只能有一個管理者，而這個新增的 InformRequest 封包，用來建立管理站可向另一個管理站彼此發出要求，讓網路中不僅可同時存在多個管理者，更可提高網路管理及傳輸效率。

- **GetBulkRequest 指令**：SNMPv1 協定中的 GetRequest 及 GetNextRequest 指令一次只能取得一筆資料，在效率表現上並不理想，而新增的 GetBulkRequest 指令，可讓管理者一次對整個 MIB 表格或一整列的項目進行存取，不但可為管理者省下許多的時間，更能讓網路管理更加方便。

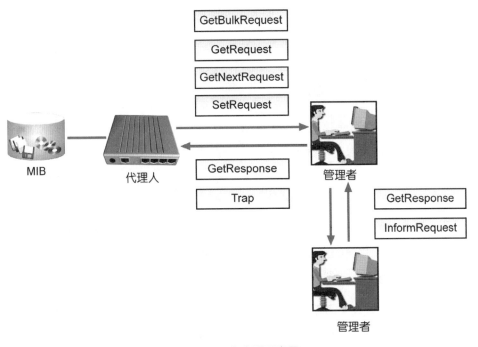

<SNMPv2 指令群示意圖>

10-2-2　管理資訊庫（MIB-I/MIB-II）

在現實環境中，每種網路或設備對其資料的表達方式存在差異，因此必須採用一套抽象的語法來描述所有類型的資訊，稱為網管資訊庫。SNMP 協定稱為「網管資訊庫」（Management Information Base，MIB），MIB 是整個網管架構的核心，主要是用來記錄在網路上各個設備的屬性與功能。MIB 可分為標準（Standard）MIB 及私人（Private）MIB 兩大類，標準 MIB 適用於所有網路設備，而 Private MIB 則由設備廠商自行定義。

SNMP 是使用物件（Object）的觀念來管理網路上的設備與資源，採用樹狀結構，是一種階層式分類，每個被管理的網路設備或資源都稱為物件。MIB 的作用是定義代理人的物件屬性及功能，每個 MIB 物件都具有唯一的 OID（Object Identifier，物件識別碼），管理者藉由 MIB 了解每一個網路設備的資訊。MIB 有許多的版本，其中以 ISO 所制定的 MIB-I 及 MIB-II 為較具整合性的標準。MIB-I 版本中定義了 8 個管理群組，分別是 System、Interface、Address Translation、

IP、ICMP、TCP、UDP、及 EGP，而 MIB-II 則另外新增了 Transmission 及 SNMP 兩個群組。

10-2-3 RMON 網管資訊庫

MIB-II 網管資訊庫都是針對代理器本身的網路狀態做記錄，這樣的架構往往會造成管理者必須在每個網路裝置上安裝代理人（Agent），才能知道他所管理的每個網路裝置的狀態，而且管理者必須將每個代理人傳回的資訊做整合統計，因此網管效率較為不好。有鑑於此，在 MIB-II 網管資訊庫的節點底下又新增了一個遠端監視網管資訊庫（Remote Network Monitoring MIB，RMON），並規定它必須記錄整體的網路狀態資訊。RMON 主要運作原理是將 RMON Agent 擺放在區域網路中，持續收集區域網路的運作資訊。

RMON 的強大之處在於它完全與 SNMP 框架兼容，在 RMON 網管架構中，代理人就如同一個監視器（Monitor）或探測器（Probe），負責提供該子網域的資訊給管理者，而此時的代理人則被稱做「RMON Probe」。這樣的好處在於可提高管理效率，並降低網管成本。RMON 與 MIB-II 的最大不同之處在於 RMON 網管資訊庫中所有的網管物件都是表格物件，並細分成「控制表物件（Control Table）」及「資訊表物件（Information Table）」。前者主要是用來設定資訊表物件應記錄那些網路資訊，後者則存放 RMON Probe 實際收集到的網路狀態資訊。RMON 的設計不管是 RMONv1 或 RMONv2 都相當的成功，也被廣大企業界所樂於接受。

10-3 網路安全簡介

網路已成為我們日常生活不可或缺的一部分，使用電腦或行動裝置上網的機率也越趨頻繁，資訊可透過網路來互通共享，部份資訊可公開，但部份資訊屬機密，網路設計的目的是為了提供最自由的資訊、資料和檔案交換，不過網路交易風險確實存在很多風險，正因為網際網路的成功也超乎設計者的預期，除了帶給人們許多便利外，也帶來許多資訊安全上的問題。

<網路安全示意圖>

10-3-1 資訊安全

在尚未進入正題，開始討論網路安全的課題之前，我們先來對資訊安全有個基本認識。資訊安全的基本功能就是在達到資料被保護的三種特性（CIA）：機密性（Confidentiality）、完整性（Integrity）、可用性（Availability），進而達到如不可否認性（Non-repudiation）、身份認證（Authentication）與存取權限控制（Authority）等安全性目的。說明如下：

■ **秘密性（Confidentiality）**：表示交易相關資料必須保密，當資料傳遞時，確保資料在網路上傳送不會遭截取、窺竊而洩漏資料內容，除了被授權的人，在網路上不怕被攔截或偷窺，而損害其秘密性。

■ **完整性（Integrity）**：表示當資料送達時必須保證資料沒有被篡改的疑慮，訊息如遭篡改時，該筆訊息就會無效，例如由甲端傳至乙端的資料有沒有被篡改，乙端在收訊時，立刻知道資料是否完整無誤。

■ **認證性（Authentication）**：表示當傳送方送出資訊時，就必須能確認傳送者的身分是否為冒名，例如傳送方無法冒名傳送資料，持卡人、商家、髮卡行、收單行和支付閘道，都必須申請數位憑證進行身份識別。

■ **不可否認性（Non-repudiation）**：表示保證使用者無法否認他所完成過之資料傳送行為的一種機制，必須不易被複製及修改，就是指無法否認其傳送或接收訊息行為，例如收到金錢不能推說沒收到；同樣錢用掉不能推收遺失，不能否認其未使用過。

從廣義的角度來看，資訊安全所涉及的影響範圍包含軟體與硬體層面談起，共可區分為四類，分述如下：

影響種類	說明與注意事項
天然災害	電擊、淹水、火災等天然侵害。
人為疏失	人為操作不當與疏忽。
機件故障	硬體故障或儲存媒體損壞，導致資料流失。
惡意破壞	泛指有心人士入侵電腦，例如駭客攻擊、電腦病毒與網路竊聽等。

資訊安全所討論的項目，可以從四個角度來討論，說明如下：

1. **實體安全**：硬體建築物與週遭環境的安全與管制。例如對網路線路或電源線路的適當維護。

2. **資料安全**：確保資料的完整性與私密性，並預防非法入侵者的破壞，例如不定期做硬碟中的資料備份動作與存取控制。

3. **程式安全**：維護軟體開發的效能、品管、除錯與合法性。例如提升程式寫作品質。

4. **系統安全**：維護電腦與網路的正常運作，例如對使用者宣導及教育訓練。

<資訊安全涵蓋的四大項目>

國際標準制定機構英國標準協會（BSI），於 1995 年提出 BS 7799 資訊安全管理系統，最新的一次修訂已於 2005 年完成，並經國際標準化組織（ISO）正式通過成為 ISO 27001 資訊安全管理系統要求標準，為目前國際公認最完整之資訊安全管理標準，可以幫助企業與機構在高度網路化的開放服務環境鑑別、管理和減少資訊所面臨的各種風險。

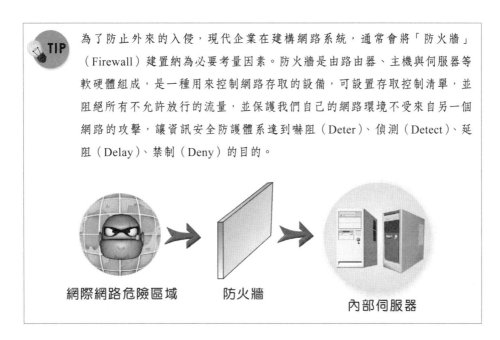

為了防止外來的入侵，現代企業在建構網路系統，通常會將「防火牆」（Firewall）建置納為必要考量因素。防火牆是由路由器、主機與伺服器等軟硬體組成，是一種用來控制網路存取的設備，可設置存取控制清單，並阻絕所有不允許放行的流量，並保護我們自己的網路環境不受來自另一個網路的攻擊，讓資訊安全防護體系達到嚇阻（Deter）、偵測（Detect）、延阻（Delay）、禁制（Deny）的目的。

網際網路危險區域　　　防火牆　　　　　　內部伺服器

10-3-2 網路安全的破壞模式

隨著網路技術與通訊科技不斷地推陳出新，無論是公營機關或私人企業，均有可能面臨資訊安全的衝擊，這些都視為含括在網路安全的領域中。從廣義的角度來看，網路安全所涉及的範圍包含軟體與硬體兩種層面，例如網路線的損壞、資料加密技術的問題、伺服器病毒感染與傳送資料的完整性等。而如果從更實務面的角度來看，那麼網路安全所涵蓋的範圍，就包括了駭客問題、隱私權侵犯、網路交易安全、網路詐欺與電腦病毒等問題。

雖然網路帶來了相當大的便利，但相對地也提供了一個可能或製造犯罪的管道與環境。而且現在利用電腦網路犯罪的模式，遠比早期的電腦病毒來

得複雜，且造成的傷害也更為深遠與廣泛。例如網際網路架構協會（Internet Architecture Board，IAB），負責於網際網路間的行政和技術事務監督與網路標準和長期發展，並將以下網路行為視為不道德：

① 在未經任何授權情況下，故意竊用網路資源。
② 干擾正常的網際網路使用。
③ 以不嚴謹的態度在網路上進行實驗。
④ 侵犯別人的隱私權。
⑤ 故意浪費網路上的人力、運算與頻寬等資源。
⑥ 破壞電腦資訊的完整性。

以下我們將開始為各位介紹破壞網路安全的常見模式，讓各位在安全防護上有更進一步的認識。

駭客攻擊

只要是經常上網的人，一定都經常聽到某某網站遭駭客入侵或攻擊，也因此駭客便成了所有人害怕又討厭的對象，不僅攻擊大型的社群網站和企業，還會使用各種方法破壞和用戶的連網裝置。駭客在開始攻擊之前，必須先能夠存取用戶的電腦，其中一個最常見的方法就是使用名為「特洛伊式木馬」的程式。

駭客在使用木馬程式之前，必須先將其植入用戶的電腦，此種病毒模式多半是 E-mail 的附件檔，或者利用一些新聞與時事消息發表吸引人的貼文，使用者一旦點擊連結按讚，可能立即遭受感染，或者利用聊天訊息散播惡意軟體，趁機竊取用戶電腦內的個人資訊，甚至駭客會利用社交工程陷阱（Social Engineering），假造的臉書按讚功能，導致帳號被植入木馬程式，讓駭客盜臉書帳號來假冒員工，然後連進企業或店家的資料庫中竊取有價值的商業機密。

> **TIP** 社交工程陷阱（Social Engineering）是利用大眾的疏於防範的資訊安全攻擊方式，例如利用電子郵件誘騙使用者開啟檔案、圖片、工具軟體等，從合法用戶中套取用戶系統的秘密，例如用戶名單、用戶密碼、身分證號碼或其他機密資料等。

網路竊聽

由於在「分封交換網路」（Packet Switch）上，當封包從一個網路傳遞到另一個網路時，在所建立的網路連線路徑中，包含了私人網路區段（例如使用者電話線路、網站伺服器所在區域網路等）及公眾網路區段（例如 ISP 網路及所有 Internet 中的站台）。

而資料在這些網路區段中進行傳輸時，大部分都是採取廣播方式來進行，因此有心竊聽者不但可能擷取網路上的封包進行分析（這類竊取程式稱為 Sniffer），也可以直接在網路閘道口的路由器設個竊聽程式，來尋找例如 IP 位址、帳號、密碼、信用卡卡號等私密性質的內容，並利用這些進行系統的破壞或取得不法利益。

TIP　跨網站腳本攻擊（Cross-Site Scripting，XSS）是當網站讀取時，執行攻擊者提供的程式碼，例如製造一個惡意的 URL 連結（該網站本身具有 XSS 弱點），當使用者端的瀏覽器執行時，可用來竊取用戶的 cookie，或者後門開啟或是密碼與個人資料之竊取，甚至於冒用使用者的身份。

盜用密碼

有些較粗心的網友往往會將帳號或密碼設定成類似的代號，或者以生日、身分證字號、有意義的英文單字等容易記憶的字串，來做為登入社群系統的驗證密碼，因此盜用密碼也是網路社群入侵者常用的手段之一。因此入侵者就抓住了這個人性心理上的弱點，透過一些密碼破解工具，即可成功地將密碼破解，入侵使用者帳號最常用的方式是使用「暴力式密碼猜測工具」並搭配字典檔，在不斷地重複嘗試與組合下，一次可以猜測上百萬次甚至上億次的密碼組合，很快得就能夠找出正確的帳號與密碼，當駭客取得社群網站使用者的帳號密碼後，就等於取得此帳號的內容控制權，可將假造的電子郵件，大量發送至該帳號的社群朋友信箱中。

例如臉書在 2016 年時修補了一個重大的安全漏洞，因為駭客利用該程式漏洞竊取「存取權杖」（Access tokens），然後透過暴力破解臉書用戶的密碼，

因此當各位在設定密碼時，密碼就需要更高的強度才能抵抗，除了用戶的帳號
安全可使用雙重認證機制，確保認證的安全性，建議各位依照下列幾項基本原
則來建立密碼：

① 密碼長度儘量大於 8 ～ 12 位數。

② 最好能英文 + 數字 + 符號混合，以增加破解時的難度。

③ 為了要確保密碼不容易被破解，最好還能在每個不同的社群網站使用不
同的密碼，並且定期進行更換。

④ 密碼不要與帳號相同，並養成定期改密碼習慣，如果發覺帳號有異常登
出的狀況，可立即更新密碼，確保帳號不被駭客奪取。

⑤ 儘量避免使用有意義的英文單字做為密碼。

點擊欺騙（Click fraud）是發布者或者他的同伴對 PPC（Pay by per click，
每次點擊付錢）的線上廣告進行惡意點擊，因而得到相關廣告費用。

⊙ 服務拒絕攻擊與殭屍網路

服務拒絕（Denia1 of Service，DoS）攻擊方式是利用送出許多需求去轟炸
一個網路系統，讓系統癱瘓或不能回應服務需求。DoS 阻斷攻擊是單憑一方的
力量對 ISP 的攻擊之一，如果被攻擊者的網路頻寬小於攻擊者，DoS 攻擊往往可
在兩三分鐘內見效。但如果攻擊的是頻寬比攻擊者還大的網站，那就有如以每
秒 10 公升的水量注入水池，但水池裡的水卻以每秒 30 公升的速度流失，不管
再怎麼攻擊都無法成功。例如駭客使用大量的垃圾封包塞滿 ISP 的可用頻寬，
進而讓 ISP 的客戶將無法傳送或接收資料、電子郵件、瀏覽網頁和其他網際網
路服務。

殭屍網路（Botnet）的攻擊方式就是利用一群在網路上受到控制的電腦轉
送垃圾郵件，被感染的個人電腦就會被當成執行 DoS 攻擊的工具，不但會攻擊
其他電腦，一遇到有漏洞的電腦主機，就藏身於任何一個程式裡，伺時展開攻
擊、侵害，而使用者卻渾然不知。後來又發展出 DDoS（Distributed DoS）分散

式阻斷攻擊，受感染的電腦就會像殭屍一般任人擺佈執行各種惡意行為。這種攻擊方式是由許多不同來源的攻擊端，共同協調合作於同一時間對特定目標展開的攻擊方式，與傳統的 DoS 阻斷攻擊相比較，效果可說是更為驚人。過去就曾發生殭屍網路的管理者可以透過 Twitter 帳號下命令來加以控制病毒來感染廣大用戶的帳號。

⚙ 電腦病毒

電腦病毒（Computer Virus）就是一種具有對電腦內部應用程式或作業系統造成傷害的程式；它可能會不斷複製自身的程式或破壞系統內部的資料，例如刪除資料檔案、移除程式或摧毀在硬碟中發現的任何東西。不過並非所有的病毒都會造成損壞，有些只是顯示令人討厭的訊息。如何判斷您的電腦感染病毒呢？如果您的電腦出現以下症狀，可能就是不幸感染電腦病毒：

1	電腦速度突然變慢、停止回應、每隔幾分鐘重新啟動，甚至經常莫名其妙的當機。
2	螢幕上突然顯示亂碼，或出現一些古怪的畫面與撥放奇怪的音樂聲。
3	資料檔無故消失或破壞，或者按下電源按鈕後，發現整個螢幕呈現一片空白。
4	檔案的長度、日期異常或 I/O 動作改變等。
5	出現一些警告文字，告訴使用者即將格式化你的電腦，嚴重的還會將硬碟資料給殺掉或破壞掉整個硬碟。

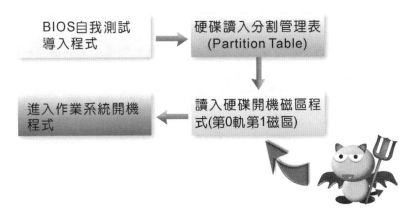

< 開機型病毒會在作業系統載入前先行進入記憶體 >

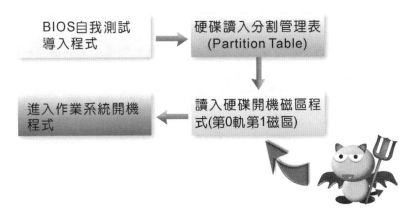

開機型病毒，又稱「系統型病毒」，被認為是最惡毒的病毒之一，這類型的病毒會潛伏在硬碟的開機磁區，也就是硬碟的第 0 軌第 1 磁區，稱為啟動磁區（Boot Sector），此處儲存電腦開機時必須使用的開機記錄。當電腦開機時，該病毒會迅速把自己複製到記憶體裡，然後隱藏在那裡，如果硬碟使用時，伺機感染其它硬碟的開機磁區。知名的此類病毒有米開朗基羅、石頭等。

10-4 資料加密簡介

從古到今不論是軍事、商業或個人為了防止重要資料被竊取，除了會在放置資料的地方安裝保護裝置或過程外，還會對資料內容進行加密，以防止其它人在突破保護裝置或過程後，就可真正得知真正資料內容。尤其當在網路上傳遞資料封包時，更擔負著可能被擷取與竊聽的風險，因此最好先對資料進行「加密」（Encrypt）的處理。

10-4-1 加密與解密

「加密」最簡單的意義就是將資料透過特殊演算法，將原本檔案轉換成無法辨識的字母或亂碼。因此加密資料即使被竊取，竊取者也無法直接將資料內容還原，這樣就能夠達到保護資料的目的。

就專業的術語而言，加密前的資料稱為「明文」（Plaintext），經過加密處理過程的資料則稱為「密文」（Ciphertext）。而當加密後的資料傳送到目的地後，將密文還原成名文的過程就稱為「解密」（Decrypt），而這種「加 \ 解密」的機制則稱為「金鑰」（Key），通常是金鑰的長度越長越無法破解，示意圖如下所示：

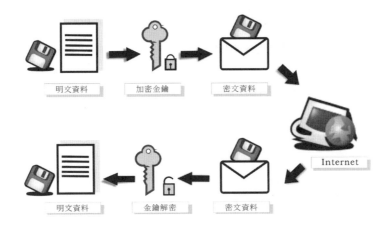

10-4-2 常用加密系統介紹

資料加 / 解密的目的是為了防止資料被竊取，以下將為各位介紹目前常用的加密系統：

⚙ 對稱性加密系統

「對稱性加密法」（Symmetrical key Encryption）又稱為「單一鍵值加密系統」（Single key Encryption）或「秘密金鑰系統」（Secret Key）。這種加密系統的運作方式，是發送端與接收端都擁有加 / 解密鑰匙，這個共同鑰匙稱為秘密鑰匙（Secret Key），它的運作方式則是傳送端將利用秘密鑰匙將明文加密成密文，而接收端則使用同一把秘密鑰匙將密文還原成明文，因此使用對稱性加密法不但可以為文件加密，也能達到驗證發送者身份的功用。

因為如果使用者 B 能用這一組密碼解開文件，那麼就能確定這份文件是由使用者 A 加密後傳送過去，如下圖所示：

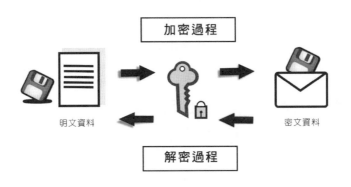

常見的對稱鍵值加密系統演算法有 DES（Data Encryption Standard，資料加密標準）、Triple DES、IDEA（International Data Encryption Algorithm，國際資料加密演算法）等，對稱式加密法的優點是加解密速度快，所以適合長度較長與大量的資料，缺點則是較不容易管理私密鑰匙。

🔧 非對稱性加密系統

「非對稱性加密系統」是目前較為普遍，也是金融界應用上最安全的加密系統，或稱為「雙鍵加密系統」（Double key Encryption）。它的運作方式是使用兩把不同的「公開鑰匙」（public key）與「秘密鑰匙」（Private key）來進行加解密動作。「公開鑰匙」可在網路上自由流傳公開作為加密，只有使用私人鑰匙才能解密，「私密鑰匙」則是由私人妥為保管。

例如使用者 A 要傳送一份新的文件給使用者 B，使用者 A 會利用使用者 B 的公開金鑰來加密，並將密文傳送給使用者 B。當使用者 B 收到密文後，再利用自己的私密金鑰解密。過程如下圖所示：

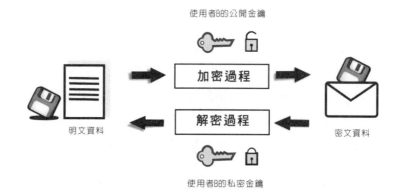

例如各位可以將公開金鑰告知網友，讓他們可以利用此金鑰加密信件您，一但收到此信後，再利用自己的私密金鑰解密即可，通常用於長度較短的訊息加密上。「非對稱性加密法」的最大優點是密碼的安全性更高且管理容易，缺點是運算複雜、速度較慢，另外就是必須借重「憑証管理中心」（CA）來簽發公開金鑰。

目前普遍使用的「非對稱性加密法」為 RSA 加密法，它是由 Rivest、Shamir 及 Adleman 所發明。RSA 加解密速度比「對稱式加解密法」來得慢，是利用兩個

質數作為加密與解密的兩個鑰匙，鑰匙的長度約在 40 個位元到 1024 位元間。公開鑰匙是用來加密，只有使用私人鑰匙才可以解密，要破解以 RSA 加密的資料，在一定時間內是幾乎不可能，所以是一種十分安全的加解密演算法。

10-4-3 數位簽章

在日常生活中，簽名或蓋章往往是個人對某些承諾或文件署名的負責，而在網路世界中，所謂「數位簽章」（Digital Signature）就是屬於個人的一種「數位身分證」，可以來做為對資料發送的身份進行辨別。

「數位簽章」的運作方式是以公開金鑰及雜湊函數互相搭配使用，使用者 A 先將明文的 M 以雜湊函數計算出雜湊值 H，接著再用自己的私有鑰匙對雜湊值 H 加密，加密後的內容即為「數位簽章」。最後再將明文與數位簽章一起發送給使用者 B。由於這個數位簽章是以 A 的私有鑰匙加密，且該私有鑰匙只有 A 才有，因此該數位簽章可以代表 A 的身份。因此數位簽章機制具有發送者不可否認的特性，因此能夠用來確認文件發送者的身份，使其它人無法偽造此辨別身份。

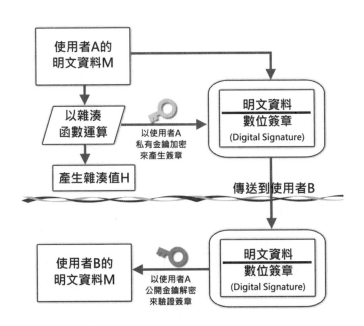

 TIP 雜湊函數（Hash Function）是一種保護資料安全的方法，它能夠將資料進行運算，並且得到一個「雜湊值」，接著再將資料與雜湊值一併傳送。

想要使用數位簽章,當然第一步必須先向認證中心(CA)申請電子證書(Digital Certificate),它可用來證明公開金鑰為某人所有及訊息發送者的不可否認性,而認證中心所核發的數位簽章則包含在電子證書上。通常每一家認證中心的申請過程都不相同,只要各位跟著網頁上的指引步驟去做,即可完成。

> 憑證管理中心(Certification Authority,CA):為一個具公信力的第三者身分,主要負責憑證申請註冊、憑證簽發、廢止等等管理服務。國內知名的憑證管理中心如下:
> 政府憑證管理中心:https://gca.nat.gov.tw/web2/index.html
> 網際威信:http://www.hitrust.com.tw/

10-4-4 數位認證

在資料傳輸過程中,為了避免使用者 A 發送資料後卻否認,或是有人冒用使用者 A 的名義傳送資料而不自知,我們需要對資料進行認證的工作,後來又衍生出了第三種加密方式。首先是以使用者 B 的公開鑰匙加密,接著再利用使用者 A 的私有鑰匙做第二次加密,當使用者 B 在收到密文後,先以 A 的公開鑰匙進行解密,接著再以 B 的私有鑰匙解密,如果能解密成功,則可確保訊息傳遞的私密性,這就是所謂的「數位認證」。認證的機制看似完美,但是使用公開鑰匙作加解密動作時,計算過程卻是十分複雜,對傳輸工作而言不啻是個沈重的負擔。

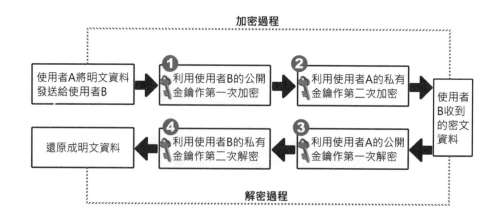

10-5 網路交易安全機制

隨著電子商務型態愈驅成熟，網路購物的消費型態正是 e 時代的趨勢，目前電子商務的發展受到最大的考驗，就是網路交易安全性。由於線上交易時，必須在網站上輸入個人機密的資料，例如身分證字號、信用卡卡號等資料，如果這些資料不慎被第三者截取，那麼將造成使用者的困擾與損害。為了改善消費者對網路購物安全的疑慮，建立消費者線上交易的信心，相關單位做了很多的購物安全原則建議，至今仍然未發展出一個國際標準組織，能夠規範出一個完整且標準的安全機制與協定，以提供給所有的網路交易來使用。在這種情形下，也形成各家廠商紛紛自訂標準，目前國際上最被商家及消費者所接受的電子安全交易機制就是 SSL 及 SET 兩種。

10-5-1 SSL/TLS 協定

安全插槽層協定（Secure Socket Layer，SSL）是一種 128 位元傳輸加密的安全機制，由網景公司於 1994 年提出，是目前網路交易中最多廠商支援及使用的安全交易協定。在支援的廠商中，不乏像是微軟這種知名的公司，目的在於協助使用者在傳輸過程中保護資料安全。SSL 憑證包含一組公開及私密金鑰，以及已經通過驗證的識別資訊，並且使用 RSA 演算法及證書管理架構，它在用戶端與伺服器之間進行加密與解密的程序。目前大部分的網頁伺服器或瀏覽器，都能夠支援 SSL 安全機制，其中更是包含了微軟的 Internet Explorer 瀏覽器。

為了提升網站安全性，像是 Google、Facebook 等知名網站，皆已陸續增添 Https 加密，例如想要防範網路釣魚首要方法，必須能分辨網頁是否安全，一般而言有安全機制的網站網址通訊協定必須是 https://，而不是 http://，https 是組合了 SSL 和 http 的通訊協定，另一個方式是在螢幕右下角，會顯示 SSL 安全保護的標記，在標記上快按兩下滑鼠左鍵就會顯示安全憑證資訊。

由於採用公鑰匙技術識別對方身份，受驗證方須持有認證機構（CA）的證書，其中內含其持有者的公共鑰匙。不過必須注意的是，使用者的瀏覽器與伺服器都必須支援才能使用這項技術，目前最新的版本為 SSL 3.0，並使用 128 位

元加密技術。由於 128 位元的加密演算法較為複雜，為避免處理時間過長，通常購物網站只會選擇幾個重要網頁設定 SSL 安全機制。當各位連結到具有 SSL 安全機制的網頁時，在瀏覽器下網址列右側會出現一個類似鎖頭的圖示，表示目前瀏覽器網頁與伺服器間的通訊資料均採用 SSL 安全機制：

使用 SSL 最大的好處，就是消費者不需事先申請數位簽章或任何的憑證，就能夠直接解決資料傳輸的安全問題。不過當商家將資料內容還原準備向銀行請款時，這時候商家就會知道消費者的個人資料。如果商家心懷不軌，消費者還是可能受到某些的損害。至於最新推出的傳輸層安全協定（Transport Layer Security，TLS）是由 SSL 3.0 版本為基礎改良而來，會利用公開金鑰基礎結構與非對稱加密等技術來保護在網際網路上傳輸的資料，使用該協定將資料加密後再行傳送，以保證雙方交換資料之保密及完整，在通訊的過程中確保對像的身份，提供了比 SSL 協定更好的通訊安全性與可靠性，避免未經授權的第三方竊聽或修改，可以算是 SSL 安全機制的進階版。

10-5-2 SET 協定

由於 SSL 並不是一個最安全的電子交易機制，為了達到更安全的標準，於是由信用卡國際大廠 VISA 及 MasterCard，於 1996 年共同制定並發表的「安全交易協定」（Secure Electronic Transaction，SET），透過系統持有的公鑰與使用者的私鑰進行加解密程序，以保障傳遞資料的完整性與隱密性，後來陸續獲得 IBM、Microsoft、HP 及 Compaq 等軟硬體大廠的支持，加上 SET 安全機制採用非對稱鍵值加密系統的編碼方式，並採用知名的 RSA 及 DES 演算法技術，讓傳輸於網路上的資料更具有安全性，將可以滿足身份確認、隱私權保密資料完整和交易不可否認性的安全交易需求。

SET 機制的運作方式是消費者與網路商家並無法直接在網際網路上進行單獨交易，雙方都必須在進行交易前，預先向「憑證管理中心」（CA）取得各自的 SET 數位認證資料，進行電子交易時，持卡人和特約商店所使用的 SET 軟體會在電子資料交換前確認雙方的身份。

「信用卡 3D」驗證機制是由 VISA、MasterCard 及 JCB 國際組織所推出，作法是信用卡使用者必須在信用卡發卡銀行註冊一組 3D 驗證碼。完成註冊之後，當信用卡使用者在提供 3D 驗證服務的網路商店使用信用卡付費時，必須在交易的過程中輸入這組 3D 驗證碼，確保只有您本人才可以使用自己的信用卡成功交易，才能完成線上刷卡付款動作。

網路管理與網路安全導論

本│章│習│題

1. 網路管理包含了哪些項目？

2. 何謂效能管理？

3. 請簡述組態管理（Configuration Management）的內容。

4. SNMP 架構主要由哪 4 種元件組成？

5. 何謂代理人（Agent）？功用為何？

6. SNMP 定義哪兩種管理物件？

7. 請簡述 SNMP 三種不同的版本的差異。

8. 在區域網路中，網路管理的主要機制有哪些？

9. 何謂網管資訊庫？

10. MIB-I 及 MIB-II 的管理群組有何差異性？

11. 請說明 RMON 與 MIB-II 的最大不同之處。

12. 請簡述社交工程陷阱（Social Engineering）。

13. 什麼是跨網站腳本攻擊（Cross-Site Scripting，XSS）？

14. 試簡單說明密碼設置的原則。

15. 請簡述「加密」（Encrypt）與「解密」（Decrypt）。

16. 資訊安全所討論的項目，可以從四個角度來討論。

17. 請簡介「信用卡 3D」驗證機制。

18. 請說明 SET 與 SSL 的最大差異在何處？